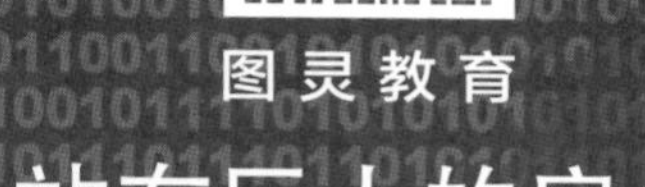

图灵教育

站在巨人的肩上

Standing on the Shoulders of Giants

TURING
图灵教育
站在巨人的肩上
Standing on the Shoulders of Giants

TURING 图灵新知

你没想到的数学

王赟（Maigo）著

人民邮电出版社
北京

图书在版编目（CIP）数据

你没想到的数学 / 王赟著. —北京：人民邮电出版社, 2021. 8

（图灵新知）

ISBN 978-7-115-56762-8

Ⅰ. ①你… Ⅱ. ①王… Ⅲ. ①数学-普及读物 Ⅳ. ①O1-49

中国版本图书馆 CIP 数据核字(2021)第 126694 号

内 容 提 要

本书讨论了一些源自日常生活的数学问题，用数学思维和计算机思维，讲解了巧妙的解题思路。一个个看似简单的问题，细究后却发现别有洞天。本书会带领读者一起来到数学研究的前沿阵地，享受思考的乐趣，感受数学的奥妙。读者在探究问题的过程中，可以学习和培养巧妙的数学思维和计算机思维，灵活应用知识，用四两拨千斤之巧力去解决生活、学习以及工程问题。

本书是一本标新立异又具有思想深度的思维训练书，适合理工科专业的本科生、研究生，以及对数学、计算机有兴趣的读者阅读。

◆ 著　　　　王　赟
责任编辑　张　霞
责任印制　周昇亮

◆ 人民邮电出版社出版发行　北京市丰台区成寿寺路 11 号
邮编　100164　电子邮件　315@ptpress.com.cn
网址　https://www.ptpress.com.cn
北京印匠彩色印刷有限公司印刷

◆ 开本：880×1230　1/32
印张：6
字数：139 千字　　2021 年 8 月第 1 版
印数：1–4 000 册　　2021 年 8 月北京第 1 次印刷

定价：79.80 元

读者服务热线：(010) 84084456　印装质量热线：(010) 81055316

反盗版热线：(010)81055315

献给我心爱的妻子荣

Foreword 序

一晃与 Maigo 相识已有 10 个春秋。从在 CMU 一起上 Tom Mitchell 的机器学习概论到见证彼此的博士毕业，Maigo 的风趣、博学与睿智一直如一盏明灯陪伴着我，我相信这也照亮了 Maigo 身边的许多朋友。今天，我们有幸翻开这本书，一起沐浴这让你没想到的数学思维之光。

有人说 Maigo 是学霸。这其实不确切，他是学神中的学霸！他的思维清晰而深刻，总能深入浅出地把复杂符号背后的原理直观地说清楚；他的涉猎广博而庞杂，许多看似东一块儿西一块儿的知识碎片，被他一组织就能呈现出完整的体系；他的讲解灵活而机动，许多时候你一问，他便像个医生一样，猜出你的知识拼图其实缺少哪一块，补上之后问题自然消融——治本！

更有人说 Maigo 是笑呵呵搞定博士学位的，因为他善于挖掘科研中的乐趣。这其实也不准确，科研中的乐趣哪用得着挖掘呢？无论是数学、计算机还是生命本体，在 Maigo 这里本就是其乐无穷的。希望大家在读这本书的时候，不但能受之鱼，更能受之渔。

好了，就夸他到这里吧。一来，这本书其实我还没读过，但我期待通读时的酣畅淋漓。二来，Maigo 能带给大家的益处，实在是一个序言放不下的。我也要悠着点说，不然下本书还请我写序怎么办呢。就让我们一起来学习这本《你没想到的数学》吧！

Dr. Gus 夏

程序猿，松鼠仙，音乐弥

辛丑，夏至

前　言

能主动拿起这本书，说明你是一个喜欢数学的人。当别人还在为数学考试焦头烂额的时候，你已经像我一样，在享受思考带来的乐趣了。

这本书收集了我在日常的学习以及上网时遇到的许多有趣的数学问题。别看这些问题很简单，研究起来却别有洞天。在不断发出“柳暗花明又一村”的感叹中，也许你就会不知不觉地来到数学研究的前沿。

本书从两个简单的问题讲起，带你体会数学中“形”的直观与“数”的严谨。我国数学家华罗庚曾经说过：“数缺形时少直观，形少数时难入微；数形结合百般好，隔离分家万事休。”本书第一章研究一道关于碰撞的物理问题，它的巧妙解法体现了怎样通过“形”的方式使“数”的问题变简便。第二章介绍“超级任务”与 Ross-Littlewood 悖论，会涉及微积分中“一致收敛”的概念，仅通过形象思考不容易看清全貌，必须进行严谨的“数”的分析。

之后的几章，则通过深入分析几个看似简单的问题，带你领略数学中若干分支深处的风景。第三章研究在平面与球面上排列点阵（像向日葵花序那样）的问题，其探索过程主要涉及连分式的知识。第四章至第六章的几个问题都涉及概率与随机过程：第四章的“小黄鸭”问题，由二维平面与三维空间中的形象思考上升到高维空间中的严谨推理；第五章探讨“赌徒”的必胜策略，用到了随机过程中“鞅”

的停时定理，以及谱分析法；第六章研究“洗牌”算法的一种错误实现中出现的神秘常数，会触及“q-Pochhammer 符号”这种特殊函数。

数学与程序设计，是亲密如孪生姐妹的两个学科。在数学研究中遇到问题时，可以借助编程来获得灵感和验证结果；用数学方法研究出的结论，也能指导我们写出更短、更快、更好的程序。第三章至第六章的探索过程，都以计算机编程作为辅助手段，而第七章至第十一章，则以编程本身为研究对象。如果你正在学习算法与数据结构，这几章的内容会让你的头脑得到很好的锻炼。

本书的第七章至第九章，都取材于棋牌类游戏。第七章研究“n 皇后”问题，第八章研究“24 点”算式，这两章的重点都在于枚举法的优化。第九章介绍 Sprague-Grundy 定理：它能够快速找出一种棋类游戏的必胜策略，但它的形式匪夷所思，这一章就介绍了提出该定理的思路。第十章介绍 Matlab 的数据可视化函数如何因为一个 bug 而效率异常低下，以及我想到的并不复杂的优化方案。第十一章则是对树这种数据结构进行一番操练，让你扎实掌握树形结构的序列化方法。

本书最适合理工科的本科学生阅读。在阅读过程中，可以预习或者复习微积分、线性代数、概率论等多门数学知识，并体验用它们解决实际问题的乐趣。涉及编程的部分，使用的编程语言主要是 Python 和 Matlab，这两种语言最能体现“简洁”的特点。

我在研究书中问题的时候，得到过多位知乎网友的帮助。比如，第五章的“赌徒必胜策略”问题，是从与知乎网友黄海潮的私信交流中提炼出来的；在求解过程中，我与常雅珣、王希、七月、张雨萌、Jack Diamond、玩得就是心跳归来、Mr woe、萧洋、Eidosper、

Octolet 等多位知友进行过讨论。除此之外，知友 Lucas HC、张健提供了编写第六章与第九章的灵感；知友刘奔、终军弱冠、hqztrue 对解决第六章、第八章的问题做出了很大的贡献。我想对所有这些网友表示衷心的感谢！

书中有些问题，尚未得到完整、优雅的解决方案；我叙述的解法，也难免有错漏之处。如果你发现了错误或者更好的解法，或者对书中的内容有疑问，欢迎通过邮箱 maigoakisame@gmail.com 与我联系。另外，欢迎大家去图灵社区本书主页（iTuring.cn）获取更多学习资料，以便更完整地阅读本书。

王 赟

2020 年 12 月

目　录 Contents

CHAPTER 1

第一章　一道弹性碰撞的物理题，结果为什么会出现 π？

1.1　碰撞的滑块

有这样一道有趣的物理题，出现在“3Blue1Brown”“李永乐老师”等许多在线视频中。

> 如图 1.1所示，光滑的地面上放着大小两个滑块，左边是墙。大滑块的质量是小滑块的 n 倍。给大滑块一个向左的初速度，两个滑块之间及小滑块与墙之间会发生多次碰撞。假设碰撞没有能量损失，问一共会发生多少次碰撞？

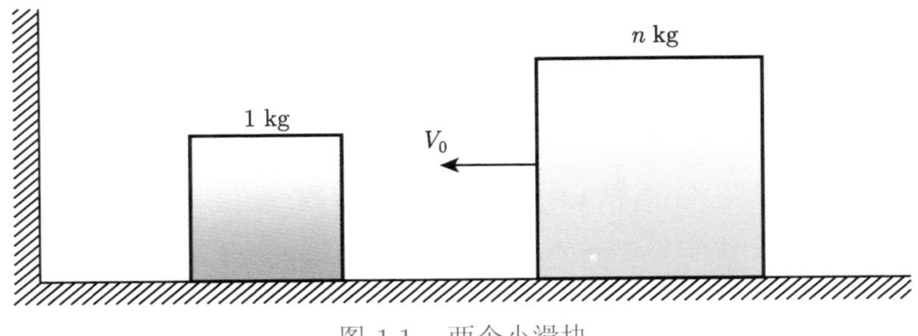

图 1.1　两个小滑块

你可能觉得，这只是一道普通的物理题而已，没什么意思。先别着急下结论，我们来看看当 n 取一些特殊值时，分别会发生的碰撞次数。

若两个滑块质量相等，则一共会发生 3 次碰撞；

若大滑块的质量是小滑块的 1 百倍，则一共会发生 31 次碰撞；

若大滑块的质量是小滑块的 1 万倍，则一共会发生 314 次碰撞；

若大滑块的质量是小滑块的 1 百万倍，则一共会发生 3 141 次碰撞；

若大滑块的质量是小滑块的 1 亿倍，则一共会发生 31 415 次碰撞……

是不是觉得有意思了？当两个滑块质量之比是 100 的幂时，碰撞次数是 π 去掉小数点后的前若干位。在这么一道“方方正正”的物理题里，怎么会出现与圆有关的 π 呢？

“3Blue1Brown”频道给出了一个提示：**凡是出人意料地出现 π 的题目，背后总是隐藏着一个圆**。而这道物理题里的圆，隐藏在能量守恒方程式中:

$$\frac{1}{2}mv^2 + \frac{1}{2}MV^2 = \text{常数} \tag{1.1}$$

其中 M, m 表示大小滑块的质量，V, v 表示大小滑块的速度。我鼓励读者在继续看下去之前，先根据式 (1.1) 自己捣鼓捣鼓，看看能不能捣鼓出 π 来。

1.2 隐藏的椭圆

式 (1.1) 实际上表示了 $v-V$ 空间中的一个椭圆。设大滑块的初速度为 -1（负号代表向左），则能量守恒方程式可以化简为：

$$\frac{v^2}{n}+V^2=1 \tag{1.2}$$

这个方程式表示的椭圆如图 1.2所示（图中取 $n=4$）。在运动过程中的任何时刻，两个滑块的速度都会落在椭圆上；两个滑块的初速度，对应着短轴的下端（图中 A 点）。

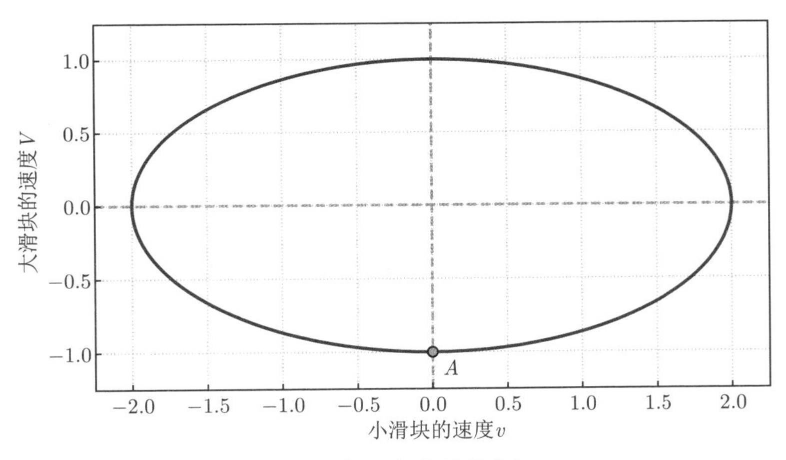

图 1.2 椭圆代表能量守恒

下面我们试着在椭圆中画出碰撞过程。第一次碰撞，是大滑块撞小滑块。碰撞前后，两个滑块的速度除了满足能量守恒以外，还要满足动量守恒，即：

$$mv+MV=\text{常数} \tag{1.3}$$

式 (1.3) 在 $v-V$ 空间中，代表一条斜率为 $-m/M$ 的直线，这个例

子中的斜率为 $-1/n$。如图 1.3，过 A 点作一条斜率为 $-1/n$ 的直线，它与椭圆的另一个交点 B 就代表了第一次碰撞后，两个滑块的速度。

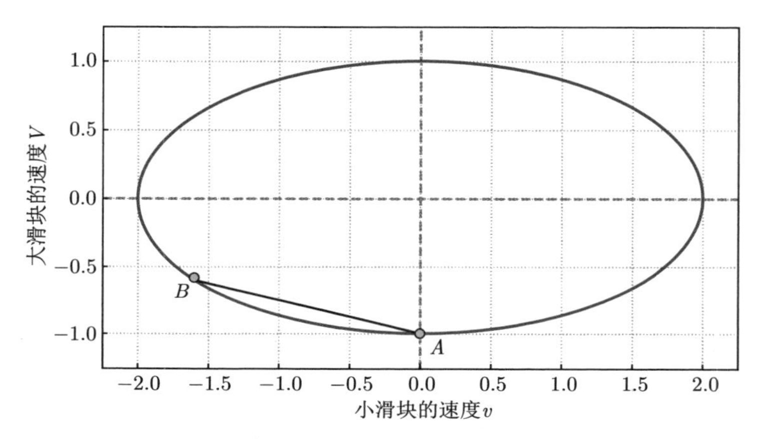

图 1.3　倾斜直线代表两个滑块相撞时动量守恒

第二次碰撞，是小滑块撞墙。其结果很简单，就是小滑块的速度变为反向。如图 1.4，过 B 点画一条与横轴平行的直线，这条直线与椭圆的交点 C 就代表了第二次碰撞后两个滑块的速度。

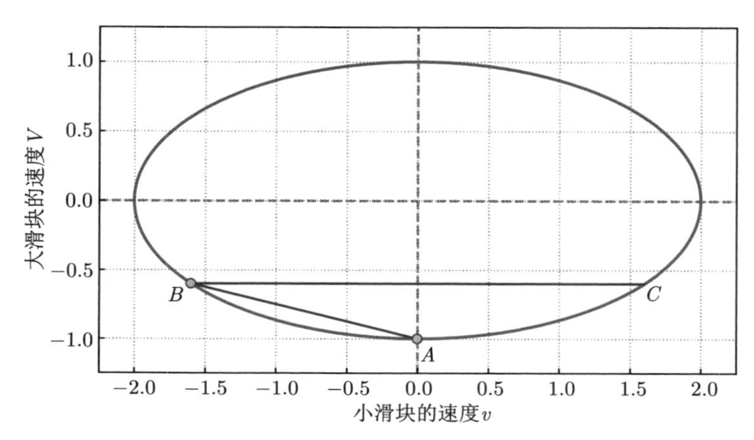

图 1.4　水平直线代表小滑块与墙碰撞

重复上述过程，直到 $V \geqslant v \geqslant 0$。此时，两个滑块都向右运动，但小滑块追不上大滑块了，于是不会再发生碰撞。在 $v-V$ 空间中，代表两个滑块最终速度的点一定会位于第一象限中直线 $V=v$ 上方（图中的黄色区域），这个例子中是图 1.5中的 G 点。

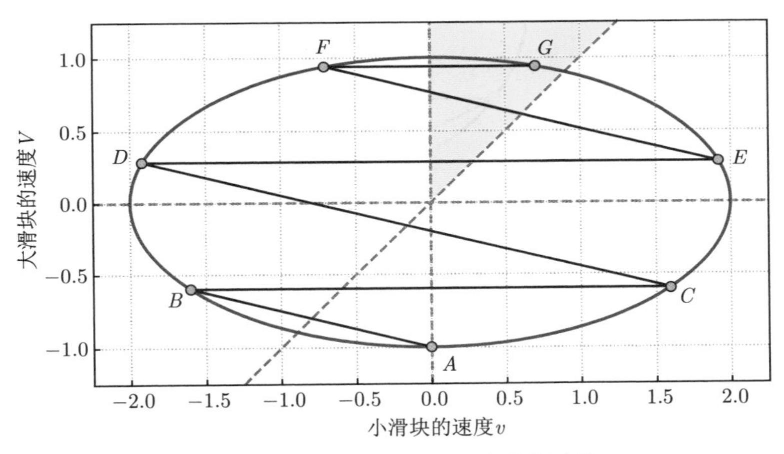

图 1.5　$v-V$ 空间中的整个碰撞过程

1.3　把椭圆“捏”成圆

可以注意到图 1.5中弧 AC、BD、CE、DF、EG 所对的“椭圆周角”（角 B、C、D、E、F）都是相等的，等于 $\arctan(1/n)$。弧 AB 与 AC 对称，也可以让它对应“椭圆周角” ACB，这个角也等于 $\arctan(1/n)$。联想到圆中有“等弧所对圆周角相等”的性质，而椭圆中没有，于是想到如果把椭圆“捏”成圆，会不会有意外发现？

将图 1.5整体在横向上压缩到原来的 $1/\sqrt{n}$ 倍，则椭圆就变成了单位圆，如图 1.6所示。

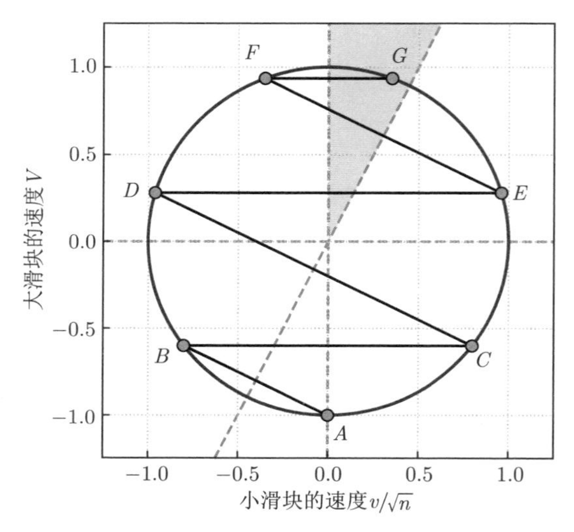

图 1.6　把椭圆“捏”成单位圆

这样一压缩，线段 AB、CD、EF 的斜率就都从 $-1/n$ 变成了 $-1/\sqrt{n}$，各段圆弧（除了 FG）所对的圆周角也都变成了$\arctan(1/\sqrt{n})$。现在可以利用“等弧所对圆周角相等”了——这些圆弧的长度，都等于这个圆周角的 2 倍，即 $2\arctan(1/\sqrt{n})$。

滑块的碰撞，可以看成从单位圆上不断切下一段长度为$2\arctan(1/\sqrt{n})$ 的圆弧，直到剩余部分长度不超过 $2\arctan(1/\sqrt{n})$ 为止。而整个单位圆的周长是 2π（**注意 π 出现了！**），于是可以得到总的碰撞次数：

$$\left\lceil \frac{2\pi}{2\arctan(1/\sqrt{n})} \right\rceil - 1 \tag{1.4}$$

这里的取整符号看起来较复杂，实际想要达到的效果是，一般情况（不能整除时）向下取整，特殊情况（能整除时）取商再减一。请读者自行验证。

由式 (1.4) 可以算出，当两个滑块质量相等时，$\arctan(1/\sqrt{n}) = \pi/4$，碰撞总次数为 3。而当两个滑块质量悬殊时，$1/\sqrt{n}$ 会很小，此时 $\arctan(1/\sqrt{n})$ 可以直接用 $1/\sqrt{n}$ 来近似表示，于是碰撞总次数约为 $\lfloor \sqrt{n}\,\pi \rfloor$。当两个滑块的质量之比 n 是 100 的幂时，$\sqrt{n}$ 就是 10 的幂，这就解释了碰撞总次数为什么会恰好是 π 去掉小数点后的前若干位。

CHAPTER 2

第二章 超级任务与一致收敛

2.1 Ross-Littlewood 悖论

知乎上曾经有一个有意思的问题，引起了火热的讨论。下面是它的简化版。

> 如图 2.1，我有一个罐子，一开始是空的。在 $t=1$ 秒时，我往罐里放 10 个球（编号 1~10），再把 1 号球拿出来；在 $t=2$ 秒时，我把 11~20 号球放到罐里，再把 2 号球拿出来；在 $t=3$ 秒时，我把 21~30 号球放到罐里，再把 3 号球拿出来；以此类推。问：到最后，罐子里有几个球？

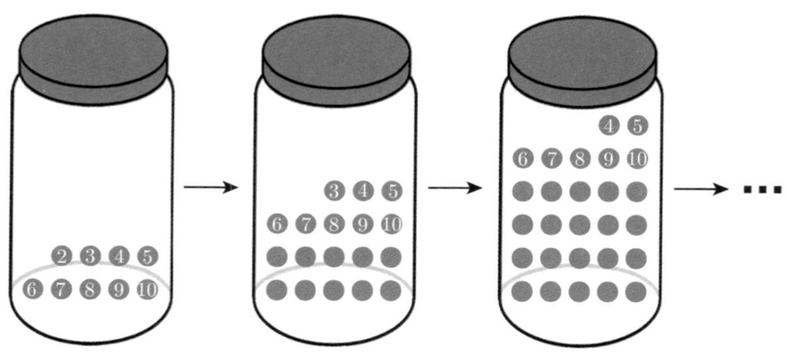

图 2.1　最后罐子里有几个球？

当然你可能马上反驳："最后"是不可能达到的，问题没有意义。但把题目稍加修改，"最后"就可以达到了。

> 我有一个罐子，一开始是空的。在 $t=0.5$ 秒时，我往罐里放 10 个球（编号 1~10），再把 1 号球拿出来；在 $t=0.75$ 秒时，我把 11~20 号球放到罐里，再把 2 号球拿出来；在 $t=0.875$ 秒时，我把 21~30 号球放到罐里，再把 3 号球拿出来；以此类推。问：在 $t=1$ 秒时，罐子里有几个球？

直觉告诉我们：每次操作后罐里都会增加 9 个球，所以**最后罐里会有无数个球**。但有人却说**最后罐子是空的**！你信吗？

"最后罐子是空的"这个结论，可以这样推理出来：对于 n 号球，它将在第 n 步被拿出来，所以最后它不在罐子里。上面这句话对于任意的 n 都成立，因此最后罐子是空的。

原来，这道题目描述的放球、取球过程，是一个**超级任务**。超级任务指的是步骤无限多，却要在有限时间内完成的任务。研究超级任务完成时的状态问题时，很容易产生悖论。上面的问题，就是有名的 Ross-Littlewood 悖论。

2.2 逐点收敛与一致收敛

我们仔细分析一下两种解法为什么会得出截然相反的结果。用 $I_k(n) \in \{0,1\}$ 表示 k 步操作之后，n 号球是否在罐子里。容易知道，k 步操作之后罐里的球数是 $\sum_{n=1}^{\infty} I_k(n) = 9k$。第一种解法就是对操作步数取极限，得到"最后"罐里的球数为 $\lim_{k\to\infty}\sum_{n=1}^{\infty} I_k(n) = \infty$。而第二种解法，则是分别考虑每个球，先用 $\lim_{k\to\infty} I_k(n)$ 表示"最后”n 号球是否在罐子里，这个极限对于任意的 n 都是 0；然后再求和，得到最后罐里的球数为 $\sum_{n=1}^{\infty}\lim_{k\to\infty}I_k(n)=0$。两种解法的步骤可以总结成图 2.2。

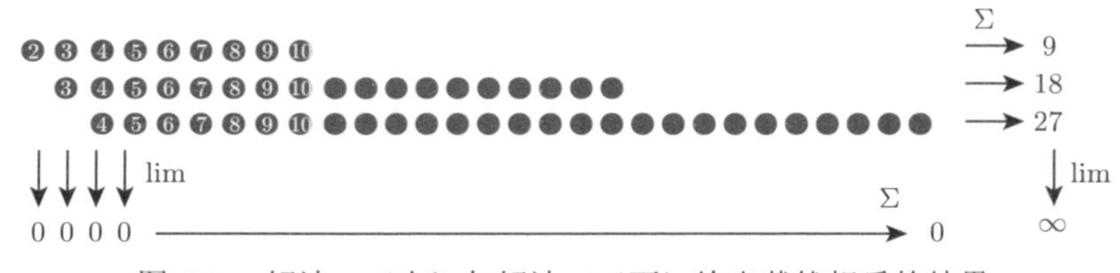

图 2.2　解法一（右）与解法二（下）给出截然相反的结果

我们发现，矛盾产生的关键原因在于 $\lim_{k\to\infty}\sum_{n=1}^{\infty}I_k(n)\neq\sum_{n=1}^{\infty}\lim_{k\to\infty}I_k(n)$，即“极限”与“无穷级数求和”两个操作不能随便交换次序。要想交换次序，$I_k(n)$ **逐点收敛**于 0 是不行的，必须要**一致收敛**。“一致收敛”这个词，恐怕会让很多人想起学习微积分时经历的噩梦，但要弄清楚本章所讲的悖论，是绕不开这个概念的。我们来比较一下逐点收敛与一致收敛的定义。

- 逐点收敛，说的是 $\forall n,\lim_{k\to\infty}I_k(n)=0$。把极限用 ε-δ 语言展开，就是这样：$\forall n,\forall\varepsilon>0,\exists K,\forall k>K,|I_k(n)|<\varepsilon$。由于 $I_k(n)$ 非 0 即 1，所以这句话可以化简为：$\forall n,\exists K,\forall k>K,I_k(n)=0$。
- 而一致收敛，说的是 $\exists K,\forall n,\forall k>K,I_k(n)=0$。它与逐点收敛的不同仅在于 $\forall n$ 和 $\exists K$ 的顺序不一样。

$\forall n$ 和 $\exists K$ 的顺序是很重要的：若 $\forall n$ 在前，那么 K 就可以依赖于 n；若 $\exists K$ 在前，那么这个 K 就必须适用于所有的 n。用自然语言来说，逐点收敛说的是每个球早晚都会被拿出来，但一致收敛要求这个“早晚”对于每个球来说都是同一时刻。在本题中，每个球被拿出来时，总有编号更大的球还在罐子里，这种“按下葫芦起来瓢”的情况，正是满足逐点收敛而不满足一致收敛。

弄清了两种解法的矛盾之处，一个自然的问题就是：两种解法到底哪个对呢？据我观察，支持解法二的人有许多理由反对解法一，而支持解法一的人难以反驳。解法二的支持者常用下面的理由反对解法一：解法一认为“罐中球的数目”在 $t \to 1^-$ 时的极限就是 $t = 1$ 时罐中球的数目，或者说“罐中球的数目”在 $t = 1$ 处左连续，而这个连续性是题目不能保证的。同时，他们会用这样的理由支持解法二：要求“最后罐中球的数目”，就要先得到“最后罐中的球”这个集合，而这个集合可以定义成“k 步操作后罐中球的集合”在 $k \to \infty$ 时的极限，按照集合列的极限定义，这个极限是空集。

这个理由涉及了“集合列的极限”这个定义，看起来很高级。这个定义到底是怎么回事呢？它有许多种等价表述，我在这里选一种比较好理解的。用 S 表示“最后罐中的球”集合，则：

- 若 $\lim_{k\to\infty} I_k(n) = 1$，即在某步操作后 n 号球一直在罐子里，则 $n \in S$；
- 若 $\lim_{k\to\infty} I_k(n) = 0$，即在某步操作后 n 号球一直不在罐子里，则 $n \notin S$；
- 若对于有些 n，$\lim_{k\to\infty} I_k(n)$ 不存在，即 n 号球一直一会儿在罐子里，一会儿不在罐子里，则 S 也不存在。

按此定义，S 确实为空集。但这个定义说到底，是独立考虑每个球的，它定义出来的极限，只是集合逐点收敛的极限。我觉得，用这种“集合列的极限”来定义 $t = 1$ 时罐中球的集合，并没有足够的说服力。比如，我可以模仿数列极限的 ε-δ 定义，设计这样一种“集合列的极限”的定义：

称一列集合 $S_1, S_2, \cdots$ 收敛于 S，当且仅当 $\forall \varepsilon > 0, \exists N, \forall n > N, d(S_n, S) < \varepsilon$。

这里涉及“集合的距离”的概念。由于在本章的问题中，球与球之间是没有定义距离的，所以比较合理的“球的集合的距离”就是 $d(A, B) = |(A \setminus B) \cup (B \setminus A)|$，即只属于一个集合的元素的个数。这样定义出的距离都是非负整数，若要能小于任意正实数 ε，则距离只能是 0。于是我对“集合列的极限”的定义就变成了：

称一列集合 $S_1, S_2, \cdots$ 收敛于 S，当且仅当 $\exists N, \forall n > N, S_n = S$。

可以发现，这种定义跟“$I_k(n)$ 一致收敛”是一回事，在 $I_k(n)$ 不一致收敛时，极限集是不存在的。

总结一下我对于 Ross-Littlewood 悖论的观点，就是**解法一和解法二都不充分，“最后罐中球数”不是良定义的**。

CHAPTER 3 第三章　怎样在球面上“均匀”排列许多点？

3.1　神奇的斐波那契网格

如果想测量地球上陆地的总面积，应该怎么办呢？

地球上的陆地，形状是不规则的。因此想要测出陆地的形状，然后用公式“计算”这个形状的面积，恐怕十分困难。不过我们可以用“采样”的方法估计陆地总面积：在地球表面“均匀”地取 n 个点，然后数一下其中落在陆地上的点的个数 m，就可以得到陆地面积约占地球总表面积的多少，即 m/n。

“采样”的时候当然可以随机采样，不过若能按照某个“均匀”的网格来采样，则能够用同样“均匀”的采样点使误差更小。很容易想到如图 3.1所示的经纬度网格，但这个网格明显不够“均匀”：从赤道开始，越往两极，点越密集。

怎样才能在球面上“均匀”地取点呢？要严格解决这个问题，首先要把直观感觉上的“均匀”用数学语言定义出来。一种定义方法是：让各点之间距离的最小值最大。这样定义出来的问题叫 Tammes problem，是密铺问题（packing problems）的一个特例。很不幸的是，密铺问题往往没有很优雅的解。另一种定义方法是：把各个点看成同种电荷，让整个系统的电势能最小。这种方法可以通过模拟电荷的运动来实现，但计算复杂度非常高，而且只能得到数值解。

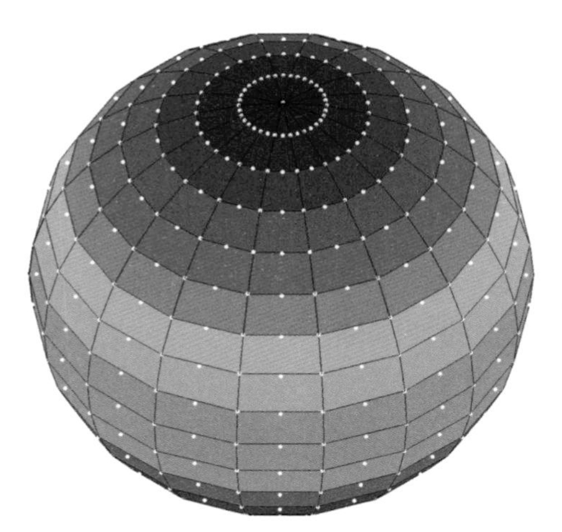

图 3.1　不够“均匀”的经纬度网格

我在 Stack Overflow 上找到了一种令我惊艳的近似解法，它只用几个简单的公式，就给出了球面上每个点的坐标。设球面半径为 1，一共要取 N 个点，则第 n 个点的坐标 (x_n, y_n, z_n) 由下列公式给出：

$$\begin{aligned} z_n &= (2n-1)/N - 1 \\ x_n &= \sqrt{1-z_n^2} \cdot \cos(2\pi n\phi) \\ y_n &= \sqrt{1-z_n^2} \cdot \sin(2\pi n\phi) \end{aligned} \tag{3.1}$$

其中常数 $\phi = (\sqrt{5}-1)/2 \approx 0.618$，正是黄金分割比。

用这套公式生成 1000 个点的效果如图 3.2，它惊人地符合我对“均匀”的预期。

式 (3.1) 生成的点阵，称为**斐波那契网格**（Fibonacci lattice 或

Fibonacci grid）。至于为什么叫斐波那契网格，目前可以简单地用“黄金分割比也出现在斐波那契数列中”来解释，在下文中你还会见到斐波那契数列。文献 [1] 说明，使用斐波那契网格测量球面上不规则图形的面积，与用经纬网格（并加权）相比，误差可以减小 40%。

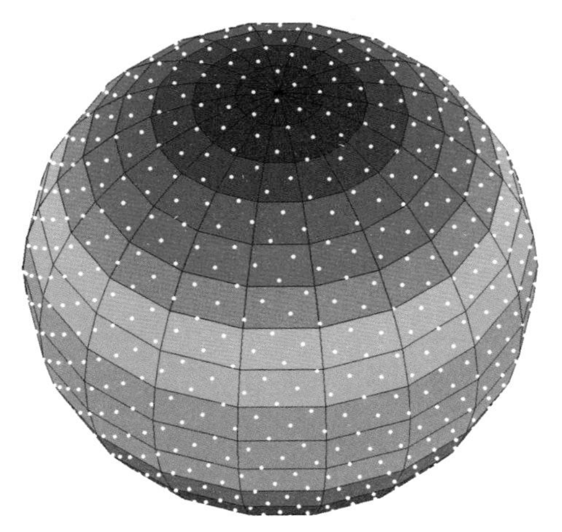

图 3.2 符合“均匀”直觉的斐波那契网格

仔细观察图 3.2中点的分布，可以发现它其实有以下三个特点。

1. **均匀**：从宏观上看，各处点的密度都差不多。
2. **密集**：各点之间没有足够大的缝隙，可以在不减小点间距的情况下容纳更多的点。
3. **混乱**：点的排列似乎有规律，但具体是什么规律又说不出来。

我们在说“均匀”的时候，其实是暗含了这三个特点的。

式 (3.1) 对于 ϕ 的取值非常敏感。只要 ϕ 稍微偏离黄金分割比一丁点儿，作出的图效果就不好。例如，图 3.3展示了 ϕ 取 0.616、0.617

和 0.619 时的点阵。可以看到，ϕ 取 0.617 时的点阵在两极处形成螺旋，在赤道附近形成条纹，不满足“混乱”；而 ϕ 取 0.616、0.619 时的点阵不仅形成螺旋或条纹，间距还很大，连“密集”都不满足。

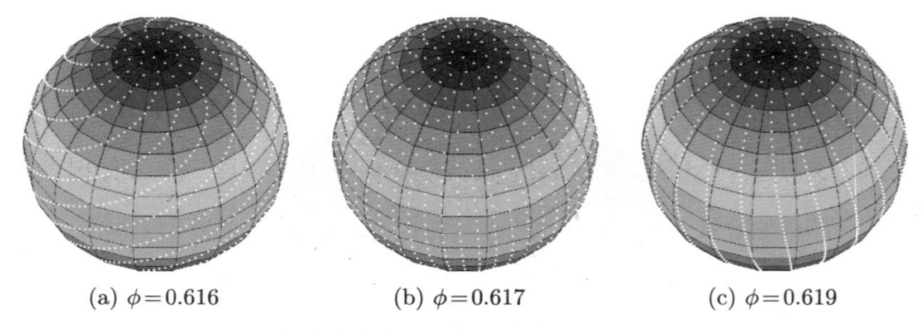

(a) $\phi=0.616$　　(b) $\phi=0.617$　　(c) $\phi=0.619$

图 3.3　ϕ 值偏离黄金分割比一点儿时的斐波那契网格

一个很自然的问题就是：为什么式 (3.1) 会有这么神奇的效果？我们先来看看它到底做了什么。

第一条公式 $z_n = (2n-1)/N - 1$，说明各个点的**竖坐标成等差数列**。这相当于把球面切成厚度相同的 N 层，然后在每一层的厚度中点处的表面上取一个点。注意，各层的厚度虽然相同，但纬度的跨度是不同的：两极处纬度的跨度更大。这样切出来的各层有一个性质：侧面积都相等。这是因为各层的侧面可以近似看成环面，在纬度为 θ 处，环面的半径为 $\cos\theta$，而环面的宽度为 $2/(N\cos\theta)$，（思考：为什么要除以 $\cos\theta$？）故各环面的面积均为 $4\pi/N$。这个性质保证了点阵分布在宏观上的均匀性：不管在什么纬度，都是每隔 $4\pi/N$ 面积有一个点。

第二、三条公式 $x_n = \sqrt{1-z_n^2}\cdot\cos(2\pi n\phi)$ 和 $y_n = \sqrt{1-z_n^2}\cdot\sin(2\pi n\phi)$，实际上就是指明了各个点的**经度成等差数列**。也可以这样形象地理解：要从一个点到达下一个点，首先沿着经线向上爬，使得

竖坐标增加 $2/N$；然后沿着纬线转 ϕ 圈。当然，如果觉得 $\phi \approx 0.618$ 比半圈大，只绕 $1-\phi \approx 0.382$ 圈也是可以的，如图 3.4所示。这两个值对应的角度分别为 222.5 度和 137.5 度，它们是把 360 度黄金分割后得到的两个角度，称为“黄金角”（golden angle）。

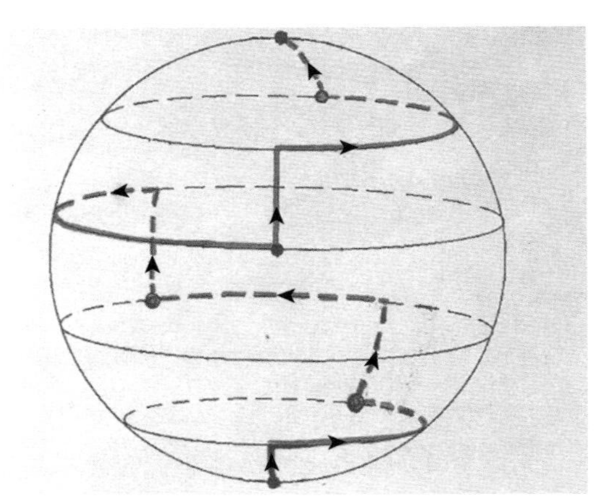

图 3.4　斐波那契网格的形成过程（图片来自: SAFF E B, KUIJLAARS A B J. Distributing many points on a sphere）

正是 $\phi = (\sqrt{5}-1)/2 \approx 0.618$ 这个常数让产生的点阵满足“密集”和“混乱”两条性质。这是为什么呢？我们观察前文中 $\phi = 0.619$ 时的点阵（图 3.3c），它明显形成几乎沿经线方向的条纹，仔细数一下的话，这样的条纹共有 21 条。原来，0.619 十分接近于分数 13/21（注意啦，13 和 21 都是斐波那契数哦），后者的精确值为 $0.\dot{6}1904\dot{7}$。因此若每产生一个点就转 0.619 圈，那么产生 21 个点一共就转过了差不多正好 13 圈。第 n 个点和第 $n+21$ 个点的经度十分接近，这就是条纹的来源。再看 $\phi = 0.616$ 时的点阵（图 3.3a），共形成 13 条螺旋。这是因为 $0.616 \approx 8/13 = 0.\dot{6}1538\dot{4}$（注意，8 和 13 也是斐波那契数)，只是误差比 0.619 和 13/21 之间的大一些，所以条纹旋转了起来。从这两个例子我们可以发现，当 ϕ 接近分数 p/q 时，就会形成 q 条条纹或螺旋。所以要满足“密集”和“混乱”，就要选取不接近任何有理数的 ϕ 值。

网上有许多科普资料，说明“黄金分割比是最难用有理数逼近的无理数”，或称**“最无理的无理数”**，所以黄金角是能使点阵最密集、最混乱的转角。说明方法一般是把黄金分割比 ϕ 写成连分式（continued fraction）：

$$\phi = \cfrac{1}{1+\cfrac{1}{1+\cfrac{1}{1+\cfrac{1}{1+\ddots}}}} \tag{3.2}$$

要用有理数逼近 ϕ，可以在式 (3.2) 的任意一层截断，比如舍弃其中省略号的部分。一般来讲，如果某一层分母的整数部分比较大，那么在这一层舍弃小数部分，误差会比较小。而黄金分割比的连分式中，每一层分母的整数部分都是 1，截断误差相对就比较大，故最难用有理数逼近。

但这种解释，我总觉得不够直接。比如，我还想弄清下列问题。

- 当连分式中出现较大的项时，点阵会呈现怎样的分布？
- 为什么当 $\phi = 0.617$ 时，点阵在两极和赤道处呈现出不同的有规律分布，而 ϕ 取黄金分割比时则呈现一片混乱？
- $\phi = (\sqrt{5}-1)/2 \approx 0.618$ 真的是最优值吗？我在试探的过程中发现 $\phi = \sqrt{2}-1 \approx 0.414$ 也不错（见图 3.5的对比），它比

黄金分割比差在哪里？

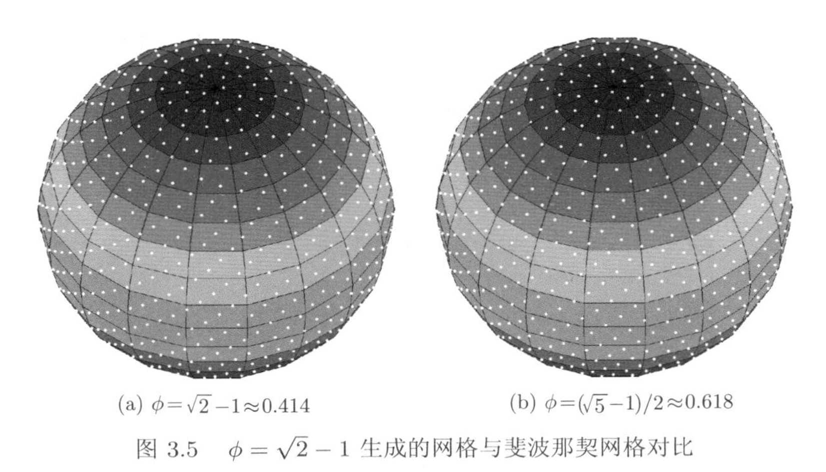

(a) $\phi=\sqrt{2}-1\approx0.414$　　(b) $\phi=(\sqrt{5}-1)/2\approx0.618$

图 3.5　$\phi=\sqrt{2}-1$ 生成的网格与斐波那契网格对比

在 3.2 节中，我将在斐波那契网格的平面版本上深入分析这些问题。3.3 节我再把结论推回球面的情况。

3.2　从平面点阵入手

斐波那契网格，除了上面介绍的球面版本之外，还有一个平面版本，它能在平面上生成“均匀、密集、混乱”的点阵：

$$\begin{aligned} x_n &= \sqrt{n}\cos(2\pi n\phi) \\ y_n &= \sqrt{n}\sin(2\pi n\phi) \end{aligned} \tag{3.3}$$

即第 n 个点落在半径为 $\sqrt{n}$ 的圆上，连续两点之间也是转过一个黄金角。半径 $\sqrt{n}$ 中的根号保证了均匀（证明留给读者），黄金角保证了密集和混乱。式 (3.3) 描述的排列规律在自然界中很常见，一个例子就是图 3.6那样的向日葵的花序。

图 3.6 向日葵的花序中，种子排成平面斐波那契网格（图片来自 Wikimedia）

与球面斐波那契网格不同，平面上的斐波那契网格可以无限延伸，这使得平面斐波那契网格能够揭示更多的规律。下面，我们首先分析一下式 (3.3) 产生的平面点阵是怎样受转角 ϕ 影响的，然后把结论拓展到式 (3.1) 产生的球面点阵上去。

3.2.1 连分式与丢番图逼近

分析点阵的过程主要依赖连分式，在此先列举一些连分式的基础知识。任何一个实数 a 都可以展开成如下形式的连分式：

$$a = a_0 + \cfrac{1}{a_1 + \cfrac{1}{a_2 + \cfrac{1}{\ddots + \cfrac{1}{a_n}}}} \tag{3.4}$$

其中各层的分子均为 1；a_0 是 a 的整数部分（向下取整）；其他的各个 a_i 都是正整数。如果 a 是有理数，连分式就会像上面一样是有限的；如果 a 是无理数，则连分式是无限的。上面的式子写起来很麻烦，常常简记为 $[a_0; a_1, a_2, \cdots, a_n]$，即数列的形式，$a_i (i = 0, 1, 2, \cdots, n)$ 也称为连分式的项。

举几个例子：有理数 $\dfrac{10}{23}$ 写成连分式是 $0+\cfrac{1}{2+\cfrac{1}{3+\cfrac{1}{3}}}$，是有限的，简记为 $[0; 2, 3, 3]$。而黄金分割比 $\phi = \dfrac{\sqrt{5}-1}{2} \approx 0.618$ 写成连分式是 $0+\cfrac{1}{1+\cfrac{1}{1+\cfrac{1}{1+\cfrac{1}{\ddots}}}}$，是无限的，简记为 $[0; 1, 1, 1, \cdots]$。连分式的项不一定有规律，例如圆周率 π 的连分式为 $[3; 7, 15, 1, 292, 1, 1, 1, 2, 1, 3, 1, 14, \cdots]$。

把式 (3.4) 在某一项处截断，即可得到 a 的一个有理逼近，称为**丢番图逼近**（Diophantine approximation）。例如，把 π 的连分式截断为 $[3; 7]$，可以得到“约率”22/7；截断为 $[3; 7, 15, 1]$，可以得到“密率”355/113（请读者自行验证）。一般地，若在连分式中保留到 a_k 这一项，化简后可以得到最简分数 p_k/q_k，其中分子和分母可以通过以下的递推式得到：

$$\begin{aligned} p_k &= a_k p_{k-1} + p_{k-2} \\ q_k &= a_k q_{k-1} + q_{k-2} \end{aligned} \tag{3.5}$$

递推式的初值为 $p_0 = a_0, q_0 = 1, p_{-1} = 1, q_{-1} = 0$。

丢番图逼近在某种意义上是 a 的**最佳逼近**。这里“最佳”的意义是：定义 p_k/q_k 的逼近误差 $\epsilon_k = |q_k a - p_k|$，则不存在另一个分母不超过 q_k 的分数，逼近误差比 ϵ_k 小。如果把 a 的各个丢番图逼近

排成一个数列 $\left[\frac{p_0}{q_0}, \frac{p_1}{q_1}, \frac{p_2}{q_2}, \cdots\right]$，则各项的逼近误差 $\epsilon_0, \epsilon_1, \epsilon_2, \cdots$ 是递减的。

注意，在此我们把误差定义成了 $\epsilon_k = |q_k a - p_k|$，而不是 $\left|a - \frac{p_k}{q_k}\right|$。前一种定义更适合本章的讨论，因为若把 a 看成每产生一个点需要旋转的圈数，那么误差 ϵ_k 的含义就是：连续产生 q_k 个点转过的总圈数，与 p_k 圈相比差了多少。

3.2.2 模式与模式图

有了上面的基础知识，我们来分析一些平面点阵。比如，我们取 $\phi = 0.617$。作为准备，我们把 0.617 表示成连分式 $[0; 1, 1, 1, 1, 1, 1, 3, 21]$，并计算出它的各阶丢番图逼近及误差，如表 3.1所示。

表 3.1 $\phi = 0.617$ 的各阶丢番图逼近及误差

k	a_k	p_k	q_k	ϵ_k
0	0	0	1	0.617
1	1	1	1	0.383
2	1	1	2	0.234
3	1	2	3	0.149
4	1	3	5	0.085
5	1	5	8	0.064
6	1	8	13	0.021
7	3	29	47	0.001
8	21	617	1000	0.000

图 3.7展示了 $\phi = 0.617$ 时，最靠近原点的 400 个点。可以看到，在原点附近，点阵形成螺旋，共有 13 条旋臂；而在外围，点阵呈放射状，共有 47 条射线。不难发现，13 和 47 都是丢番图逼近的分母。

我们把螺旋、射线这种有规律的排列称为**模式**（pattern），并用丢番图逼近来命名，例如图 3.7中的两种模式分别称为 8/13 模式和 29/47 模式。

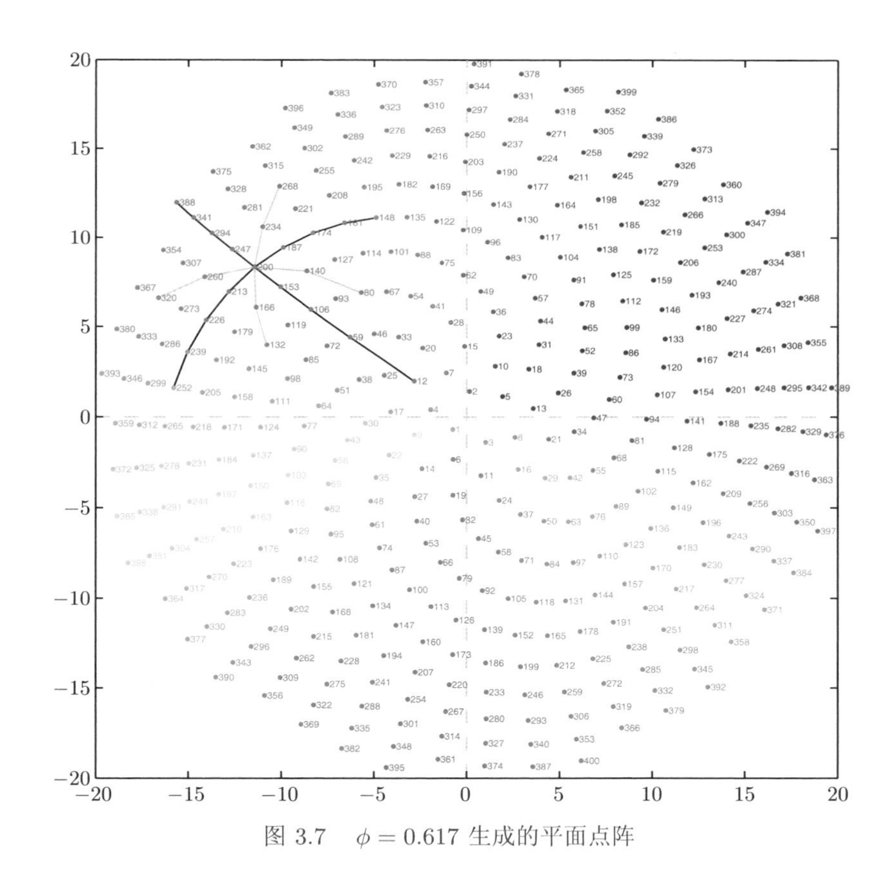

图 3.7　$\phi = 0.617$ 生成的平面点阵

200 号点大约处在两种模式的分界线上。观察 200 号点附近的情况：离它最近的点有 153 号、187 号、213 号、247 号，它们的编号与 200 的差恰好也是 13 和 47。把这些点用线连起来，可以发现编号公差为 13 的点列（174–187–200–213–226）落在一条 8/13 模式

（螺旋）上，而编号公差为 47 的点列（106–153–200–247–294）落在一条 29/47 模式（射线）上。之所以 8/13 模式产生了明显的旋转，而 29/47 模式不产生，是因为 29/47 的逼近误差远小于 8/13 模式，即：连续产生 47 个点转过的角度与 29 圈的误差，远小于连续产生 13 个点转过的角度与 8 圈的误差。另外还可以发现，在 200 号点附近，8/13 模式上的点间距随点的编号在增大，而 29/47 模式上的点间距在减小。因此，随着点编号的增大，8/13 模式越来越模糊，而 29/47 模式越来越清晰，导致螺旋逐渐被射线取代。

有人会说："140、166、234、260 这几个点，离 200 号点也不远呀！"这几个点的编号与 200 的差是 34 和 60——发现了没有，它们是 13 与 47 的和与差！把它们对应的 21/34 模式和 37/60 模式也画出来，可以发现这些模式上点的间距比 8/13 模式和 29/47 模式大，因此效果不如后者显著，可以忽略。这正是因为 21/34 和 37/60 不是 0.617 的最佳逼近——21/34 的逼近误差大于 8/13，37/60 的逼近误差大于 29/47。

经过上面的分析，我们可以总结如下的经验：

- 每个最佳逼近 p_k/q_k，都对应着一种比较显著的模式；
- 模式上的点间距越小，模式越显著；
- 同一个模式上的点间距会随位置的变化而变化，导致最显著模式的切换。

为了挖掘模式切换的规律，下面我们来定量地计算模式上点的间距。

* * *

考虑 n 号点，以及它所处的 p_k/q_k 模式。在该模式上，下一个

点的编号是 $n+q_k$。把这两个点的编号代入式 (3.3)，就能得到两点的坐标和距离。但是这样得到的公式太复杂，我们换一个角度来思考。n 号点距原点的距离为 $r=\sqrt{n}$，在 n 号点附近，编号每增加 1，距原点的距离增加 $\dfrac{\mathrm{d}r}{\mathrm{d}n}=\dfrac{1}{2\sqrt{n}}=\dfrac{1}{2r}$。当 $q_k \ll n$ 时，从 n 号点到 $n+q_k$ 号点，径向距离就是 $\dfrac{q_k}{2r}$。而从 n 号点到 $n+q_k$ 号点转过的总圈数为 $q_k\phi$，它大约是 p_k 整圈，误差为 $\epsilon_k=|q_k\phi-p_k|$，于是这两点间的切向距离就是 $2\pi r\epsilon_k$。当 $\epsilon_k \ll 1$ 时，可以把这个切向距离看成与径向垂直的直线段，由此得到 p_k/q_k 模式在距原点 r 处的点间距：

$$d_k=\sqrt{\left(\frac{q_k}{2r}\right)^2+(2\pi r\epsilon_k)^2} \tag{3.6}$$

这里我选择距原点的距离 r（下称“半径”）而不是点的编号 n 为自变量，显得更直观。

如果选定某一种模式（即固定 q_k,ϵ_k），则 d_k 是 r 的函数。式 (3.6) 中根号下的第一项随 r 递减，第二项随 r 递增，整体则呈现先减后增的“V”形。d_k 的最小值为 $d_{k,\min}=\sqrt{2\cdot\dfrac{q_k}{2r}\cdot 2\pi r\epsilon_k}=\sqrt{2\pi q_k\epsilon_k}$，它在 $\dfrac{q_k}{2r}=2\pi r\epsilon_k$ 即 $r_{k,\min}=\sqrt{\dfrac{q_k}{4\pi\epsilon_k}}$ 处取得。由此可知，从原点向外，各种模式会先变得越来越显著，这是因为半径 r 的增长越来越慢，使得模式上的点靠得越来越近；然后会变得越来越模糊，因为转角 $q_k\phi$ 与 p_k 整圈的微小偏差被越来越大的半径放大成越来越远的距离。这个规律也可以通俗地描述成：每个模式先是形成越来越清晰的射线，然后射线弯曲成螺旋，最后“被风吹散”。根据 $r_{k,\min}=\sqrt{\dfrac{q_k}{4\pi\epsilon_k}}$，$k$ 值越大的模式，分母 q_k 越大，而误差 ϵ_k 越小，故使得该模式最显著

的半径 $r_{k,\min}$ 越大。也就是说，k 值越大的模式，会在离原点越远处显现，这造成了模式的交替。

我们用 $\phi = 0.617$ 时的平面点阵（如图 3.7 所示）检验一下上面的结论。表 3.2计算了各个模式最显著处的半径 $r_{k,\min}$（称为“**最显著半径**”）和此处的点间距 $d_{k,\min}$（称为“**最密点间距**”）。$k \leqslant 5$ 的各个模式（包括 0/1, 1/1, 1/2, 2/3, 3/5, 5/8），误差都太大，同时 $r_{k,\min}$ 太小、$d_{k,\min}$ 太大，所以在图 3.7中显现不出来。8/13 模式在半径约为 7 处（50 号点附近）最显著，这与图 3.7相符；29/47 模式在半径约为 61 处最显著，但图 3.7只画出了半径为 20 以内的部分，所以这一点就看不出来了。从表 3.2中可以看到，8/13 模式的最密点间距为 1.310，而 29/47 模式的最密点间距为 0.543，所以若把点阵继续画下去，29/47 模式会变得比 8/13 模式更显著。最后还有一个模式 617/1000，它将在 29/47 模式消散后显现出来，并且因为 617/1000

表 3.2　$\phi = 0.617$ 生成的各个模式的最显著半径与最密点间距

k	a_k	p_k	q_k	ϵ_k	$r_{k,\min}$	$d_{k,\min}$
0	0	0	1	0.617	0.359	1.969
1	1	1	1	0.383	0.456	1.551
2	1	1	2	0.234	0.825	1.715
3	1	2	3	0.149	1.266	1.676
4	1	3	5	0.085	2.164	1.634
5	1	5	8	0.064	3.154	1.794
6	1	8	13	0.021	7.019	1.310
7	3	29	47	0.001	61.157	0.543
8	21	617	1000	0.000	∞	0.000

就是 ϕ 的精确值，此模式将永不消散，并越来越显著。

令 $d_k = d_{k+1}$，可以求出模式 p_k/q_k 向 p_{k+1}/q_{k+1} 过渡处的半径。仍然研究 $\phi = 0.617$ 时的平面点阵，取 $k = 6$，可以求得模式 8/13 与 29/47 之间的过渡发生在半径为 13.090 处（170 号点附近）。我们前面观察过的 200 号点位于半径 14.142 处，与 13.090 差别并不大。从图上可以看到，在此半径附近确实发生了模式的过渡。同样，取 $k = 7$，可以求得模式 29/47 到 617/1000 的过渡发生在半径为 281.939 处，也就是说，要画到 80 000 号点，才能观察到这个过渡。

为了让大家一饱眼福，我把点阵画到了 30 万个点，并截取了横轴正半轴周围的局部，放在图 3.8 中。从图中可以清楚地看到，原点附近的 8/13 模式（螺旋）在半径为 13 处过渡为 29/47 模式，29/47 模式在半径为 60 处左右最显著，且比 8/13 模式更显著。29/47 模式的竖纹在半径 250 处基本消散，到半径 350 处开始产生 617/1000 模式的横纹。

$\phi = 0.617$ 时各模式下点间距随半径发生的变化可以总结成图 3.9，注意横、纵轴均为对数刻度。从图中可以清楚地看出 8/13、29/47、617/1000 三种主要模式的最显著半径、最密点间距，以及模式之间过渡的位置。一图胜千言，在之后的介绍中我将主要使用这种图（称为**模式图**）来说明模式的变化。

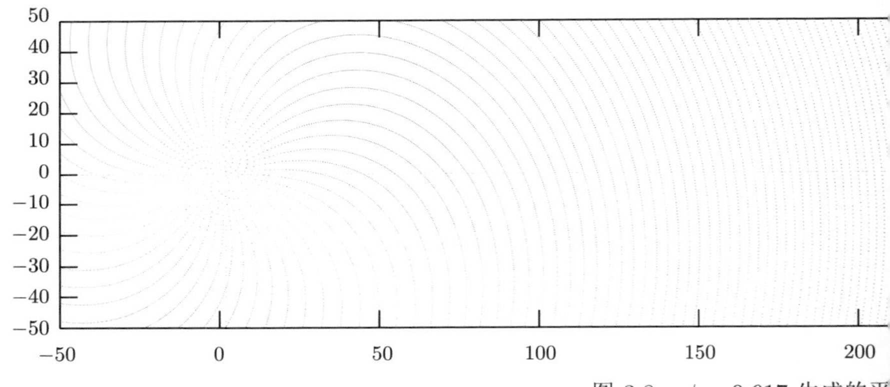

图 3.8 $\phi = 0.617$ 生成的平

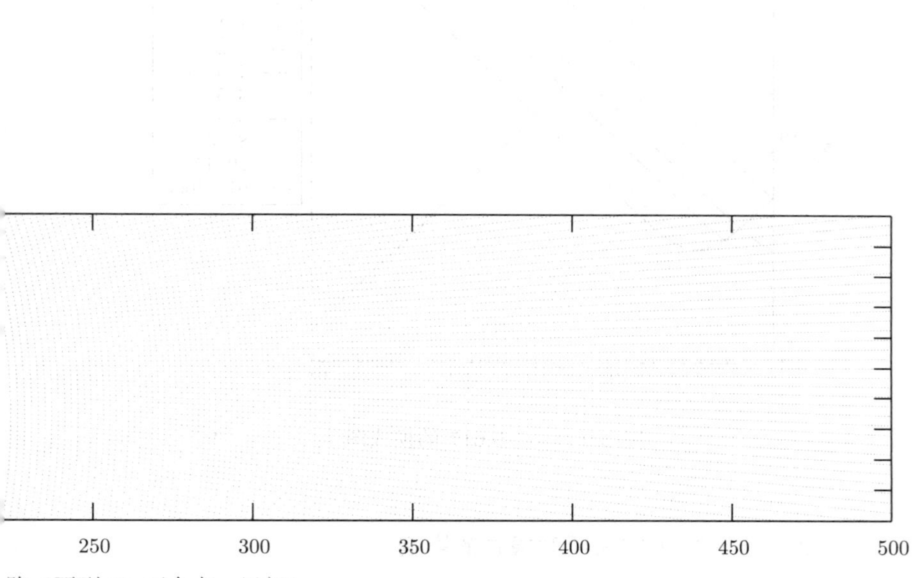

阵（画到 30 万个点，局部）

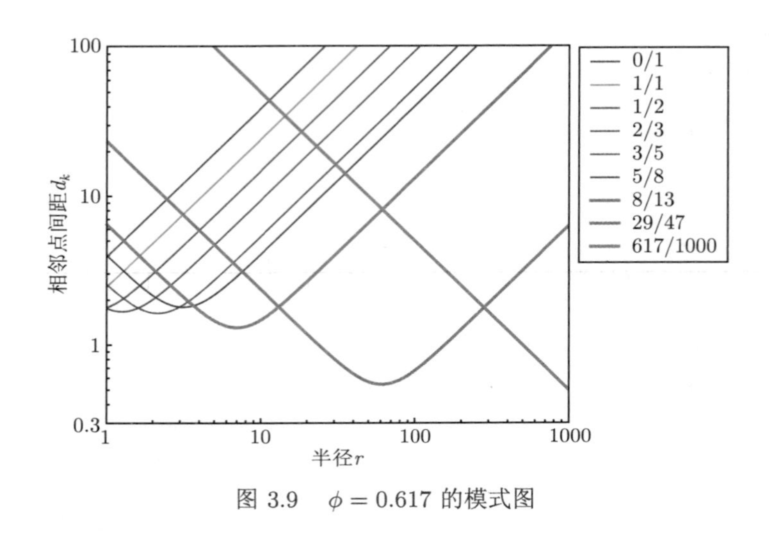

图 3.9 $\phi = 0.617$ 的模式图

3.2.3 连分式中的大项对模式的影响

下面，我们来探究连分式中项的大小对模式的影响。我们选取 $\phi = \pi - 3 \approx 0.1416$。这个值的连分式为 $[0; 7, 15, 1, 292, 1, 1, 1, 2, 1, 3, 1, 14, \cdots]$，其中像 15、292 这样的大项，会带给我们新的发现。

先画个点阵看看，如图 3.10 所示。

从图 3.10 中可以观察到两种模式：中心的模式有 7 条“腿”，外围的模式“腿”太多了，数不清。

按前文给出的公式，分别计算 $\phi = \pi - 3$ 的丢番图逼近序列、各个逼近的误差，以及各个模式的最显著半径和最密点间距，并作出模式图，结果如表 3.3和图 3.11。

从模式图 3.11中观察到，1/7 和 16/113 这两个模式十分显著，它们在半径为 30 处左右发生过渡，这与点阵图 3.10完全相符。注意，在这两个模式发生过渡的时候，15/106 模式被完全掩盖过去了。16/113

模式会一直持续到半径接近 10 000 的时候才会过渡到 4703/33 215 模式，哪怕画大图也无缘查看了。

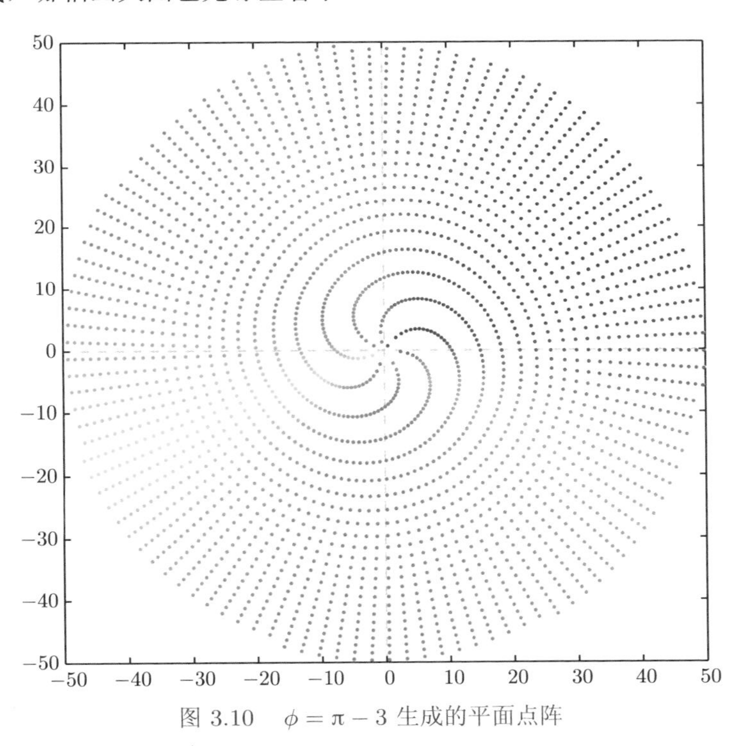

图 3.10　$\phi=\pi-3$ 生成的平面点阵

表 3.3　$\phi=\pi-3$ 生成的各个模式的最显著半径与最密点间距

k	a_k	p_k	q_k	ϵ_k	$r_{k,\min}$	$d_{k,\min}$
0	0	0	1	0.141 593	0.7	0.943
1	7	1	7	0.008 851	7.9	0.624
2	15	15	106	0.008 821	30.9	2.424
3	1	16	113	0.000 030	546.2	0.146
4	292	4687	33 102	0.000 019	11 734.7	1.995
5	1	4703	33 215	0.000 011	15 490.6	1.516

1/7 和 16/113 这两个模式，正是连分式中 15 和 292 这两个大

项产生的。这里的“大”，其实并不是指绝对数值很大，而是指相对于周围的项来说很大。回忆模式最密点间距公式 $d_{k,\min}=\sqrt{2\pi q_k\epsilon_k}$，其中 q_k 是递增的，ϵ_k 是递减的。再回忆丢番图逼近中分母的递推式 $q_k=a_kq_{k-1}+q_{k-2}$，当 a_k 是一个大项时，a_kq_{k-1} 与 q_{k-2} 相比，就会猛然增大。但当 a_k 很大时，若把连分式截断至 a_{k-1}，那么舍弃的 $\dfrac{1}{a_k+\ddots}$ 就很小，所以 ϵ_{k-1} 与之前的 ϵ_{k-2} 相比就会猛然减小。误差的减小比分母的增大早一步发生，这就使得 $d_{k-1,\min}$ 明显小于相邻模式的最密点间距，从而产生一个十分显著的模式 p_{k-1}/q_{k-1}。另外观察图 3.11 可以发现，各个模式的“V”形的两臂斜率都是一样的，所以越是显著的模式，覆盖的半径范围往往也越大。

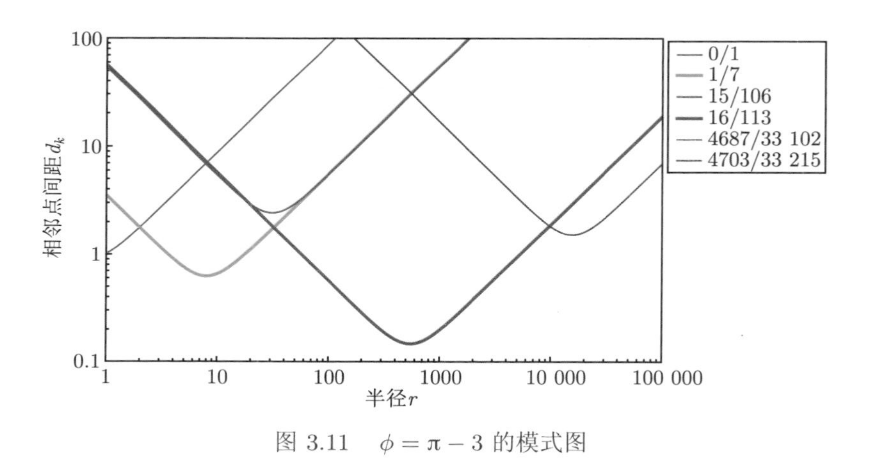

图 3.11　$\phi=\pi-3$ 的模式图

3.2.4　斐波那契网格为什么混乱又密集？

上面的计算告诉我们，连分式中每出现一个大项，在它之前截断就会产生一个十分显著的模式。因此若要不产生显著的模式，连分式中就不能出现大项，那么令所有的 a_k 都等于 1 就是最好的选择。这就引出了最优的转角——黄金角。当 $\phi = (\sqrt{5}-1)/2 \approx 0.618$ 时，模式图和生成的平面点阵分别如图 3.12和图 3.13 所示（注意，各模式的分子、分母都是斐波那契数）。

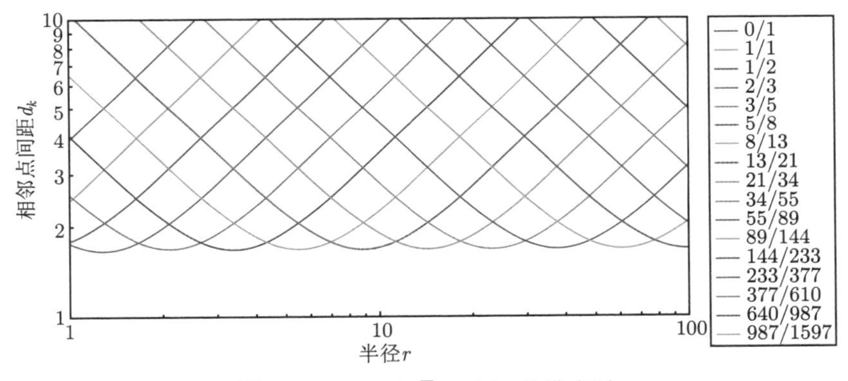

图 3.12　$\phi = (\sqrt{5}-1)/2$ 的模式图

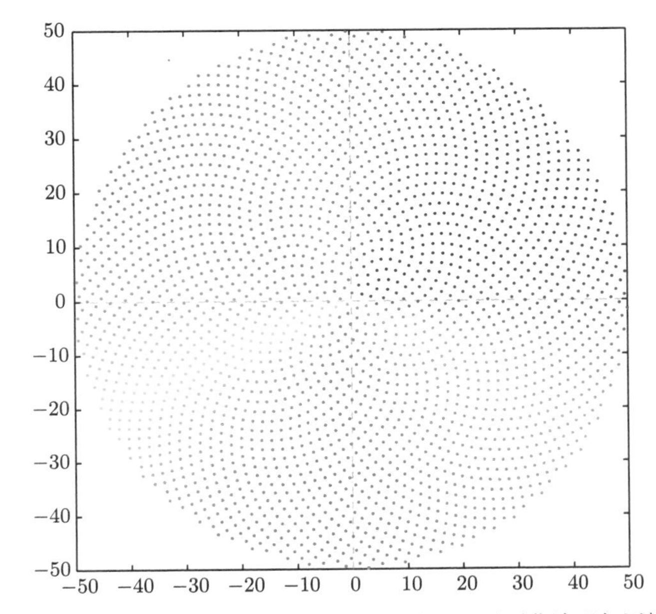

图 3.13　$\phi = (\sqrt{5}-1)/2$ 生成的平面点阵（即平面斐波那契网格）

可以看出，各个模式的显著程度都差不多，并且模式切换频繁。观察点阵图 3.13的中心，似乎能看到许多层层叠叠的花瓣，这正是模式频繁切换的体现。到了外围，模式持续的长度更长了些（注意模式图的横坐标是对数刻度），能看出一些模式了；这些模式都呈螺旋状而不是射线状，因为各阶丢番图逼近的误差都不小。

模式频繁切换正是点阵混乱和密集的原因：混乱是因为任何一种模式（规律）都不会持续很久；密集是因为在任一半径处，都没有单独一种模式的点间距比别的模式小得多，所以不会出现大的缝隙。

可以证明，对于黄金分割比 $\phi=(\sqrt{5}-1)/2$，丢番图逼近 p_k/q_k 的误差 $\epsilon_k \approx \dfrac{1}{\sqrt{5}q_k}$，于是各模式的最密点间距就都约等于 $\sqrt{2\pi/\sqrt{5}} \approx 1.676$。这其实是用形如式 (3.3) 的公式能生成的点阵中，模式最密点间距的“上界”—— 加引号是因为，可能出现个别模式的最密点间距大于这个值，但这样的个别模式至多只有有限个。

话说回来，式 (3.3) 并不是平面上点阵密铺问题的最优解。在保证同样点阵密度（每 π 面积上有一个点）的情况下，正方形网格的最密点间距是 $d_{\text{square}}=\sqrt{\pi}\approx 1.772$，而最优解六边形网格的最密点间距是 $d_{\text{hex}}=\sqrt{2\pi/\sqrt{3}}\approx 1.905$，如图 3.14所示。这两种网格满足均匀、密集，但不满足混乱，因为点按照同一种排列规律遍布了整个平面。最密点间距从 1.905 演变到 1.676，就是“混乱”需要付出的代价。

现在来看一下我在试探过程中发现的另一个不错的 ϕ 值：$\phi=\sqrt{2}-1\approx 0.414$。此时的点阵图与模式图分别如图 3.15和图 3.16所示。

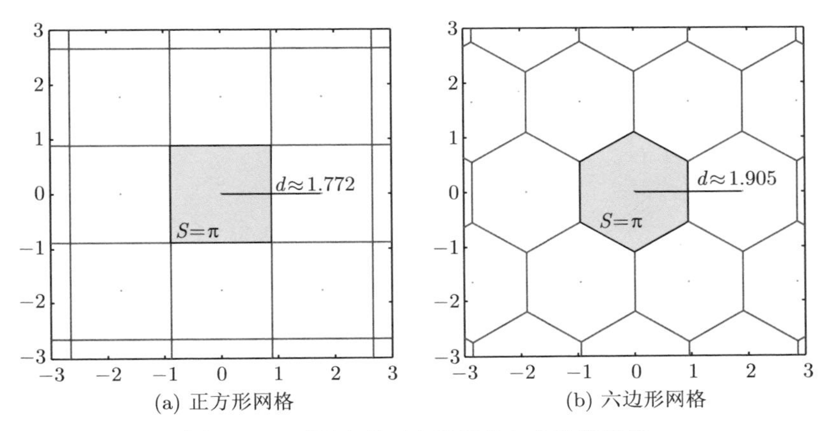

图 3.14　平面上的正方形网格与六边形网格

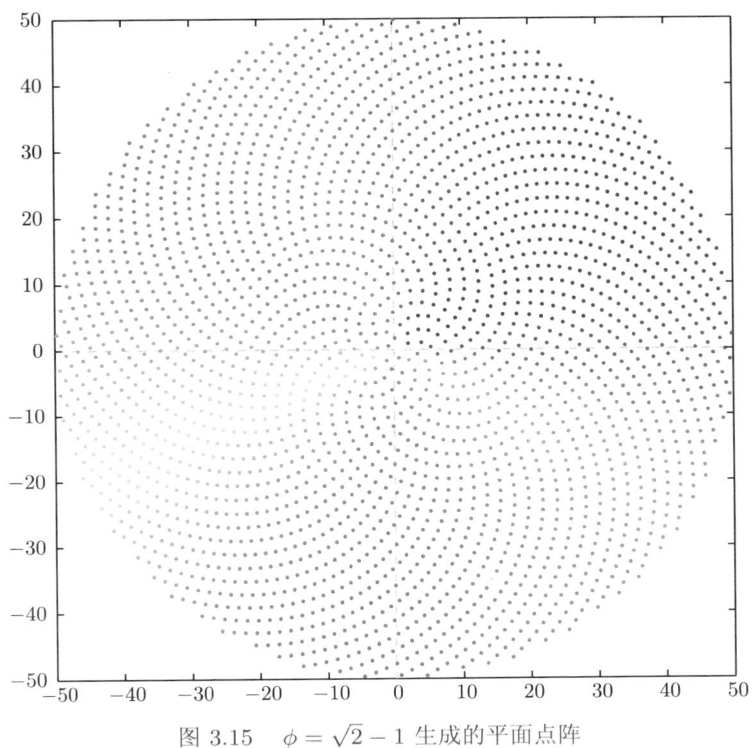

图 3.15　$\phi = \sqrt{2} - 1$ 生成的平面点阵

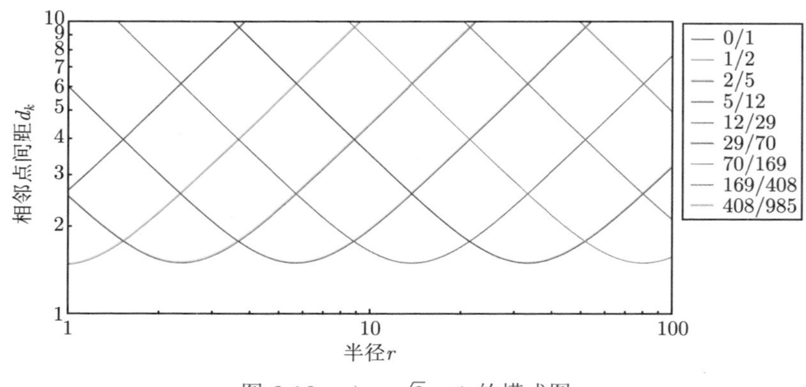

图 3.16　$\phi = \sqrt{2} - 1$ 的模式图

把 $\phi = \sqrt{2}-1 \approx 0.414$ 写成连分式，是 $[0;2,2,2,\cdots]$，会发现各项都相等，没有大项。模式图 3.15 也显示出，各个模式的最密点间距都相等，且模式切换频繁。但是，与黄金分割比相比，$\phi = \sqrt{2}-1 \approx 0.414$ 的各个模式的最密点间距都偏小（约为 $\sqrt{\pi/\sqrt{2}} \approx 1.490$），故模式还是稍微明显了一些；模式之间的切换也不如黄金分割比频繁（注意模式图 3.16与图 3.12的横、纵坐标范围是相同的），故黄金分割比以微弱的优势战胜 $\sqrt{2} - 1$。

3.2.5　总结

本节我们详细地分析了 ϕ 分别为 0.617、$\pi - 3$、$\dfrac{\sqrt{5}-1}{2}$、$\sqrt{2}-1$ 时的点阵图与模式图，得到了如下一些结论：

- 每个点转过的圈数 ϕ 的每个丢番图逼近均对应着一种模式；
- 随半径增加，每种模式先变得显著，然后消散，存在一个**最显著半径**；
- 分母越大的模式，最显著半径也越大，所以各模式会**依次显现**；

- 当连分式中有大项的时候，**大项之前**的那个丢番图逼近对应的模式会非常显著，且持续的长度也很长；
- 黄金分割比的连分式中所有项都是 1，这导致**没有显著的模式**且**模式切换频繁**，于是点阵显得密集而混乱。

3.3　回到球面点阵

终于到了把结论拓展到球面的时候了。在平面上，我们选择了到原点的距离 r 作为自变量；在球面上，我们选择纬度 θ 作为自变量。设整个点阵的点数为 N，考虑模式 p_k/q_k 上的 n 号点和 $n+q_k$ 号点。在纬度为 θ 处，这两个点在经线方向上的距离为 $\dfrac{2q_k}{N\cos\theta}$，在纬线方向上的距离为 $2\pi\epsilon_k\cos\theta$。由此可得 p_k/q_k 模式在竖坐标为 z 处的点间距：

$$d_k = \sqrt{\left(\frac{2q_k}{N\cos\theta}\right)^2 + (2\pi\epsilon_k\cos\theta)^2} \tag{3.7}$$

此式的最小值为 $d_{k,\min} = \sqrt{8\pi q_k\epsilon_k/N}$，在 $\theta_{k,\min} = \pm\arccos\sqrt{\dfrac{q_k}{N\pi\epsilon_k}}$ 处取得。作为对比，平面上 p_k/q_k 模式的最小点间距为 $d_{k,\min} = \sqrt{2\pi q_k\epsilon_k}$，在 $r_{k,\min} = \sqrt{\dfrac{q_k}{4\pi\epsilon_k}}$ 处取得。两个最小点间距的公式是相似的，只是系数不同；但最显著位置的公式则有形式上的差别：球面上的公式多了个反余弦。反余弦函数是单调递减的，且定义域有限，这说明，各个模式是从两极到赤道依次显现的，而有些高阶的模式，哪怕到了赤道处也来不及显现。除此以外，由平面点阵得出的各个结论都适用于球面点阵。

例如，图 3.17是 $\phi = 0.617$ 时，在球面上取 1000 个点生成的点阵，以及相应的模式图。可以看到 8/13 模式（螺旋）在纬度为 64 度时最显著，并在 35 度左右过渡成 29/47 模式（射线）。但在低纬度区域，8/13 模式并没有消散得很厉害，它与 29/47 模式共同组成了方形网格。617/1000 模式都来不及显现出来。

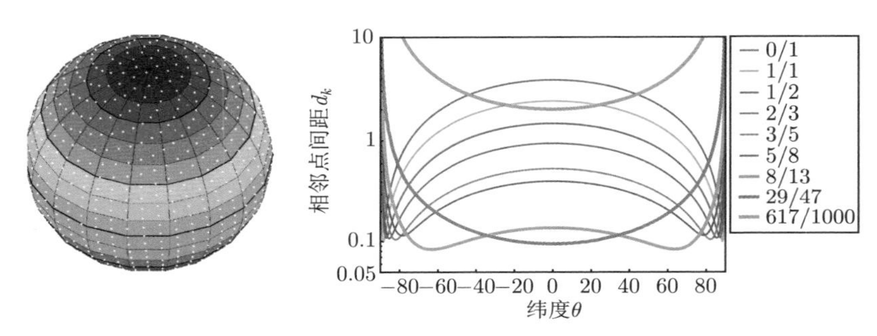

图 3.17　$\phi = 0.617$ 生成的球面点阵及模式图

图 3.18是 ϕ 取黄金分割比 $(\sqrt{5}-1)/2$ 时，由 1000 个点组成的球面点阵和模式图。与平面的情况类似，这里没有特别显著的模式，且模式切换频繁，所以点阵的分布密集且混乱。不过，受反余弦函数定义域的影响，21/34 这个模式从北纬 40 度一直到南纬 40 度都是

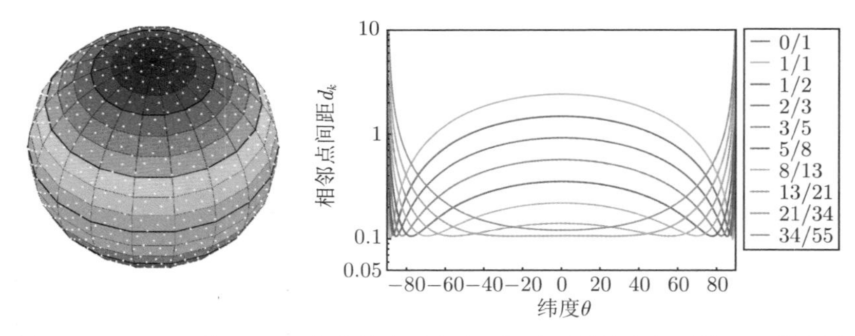

图 3.18　$\phi = (\sqrt{5}-1)/2$ 生成的球面点阵（即球面斐波那契网格）及模式图

最显著的；与此同时，相邻的 13/21 模式和 34/55 模式的显著程度也差不多，所以在低纬度区域的点阵中能找到正方形或六边形网格的影子。

CHAPTER 4 第四章　一道“小黄鸭”概率题及其有趣扩展

4.1　“小黄鸭”原题

朋友圈里有一道流传很广的“小黄鸭”概率题。

如图 4.1，4 只小黄鸭分别随机地出现在一个圆形水池中的任意一点。它们位于同一个半圆内的概率是多少？

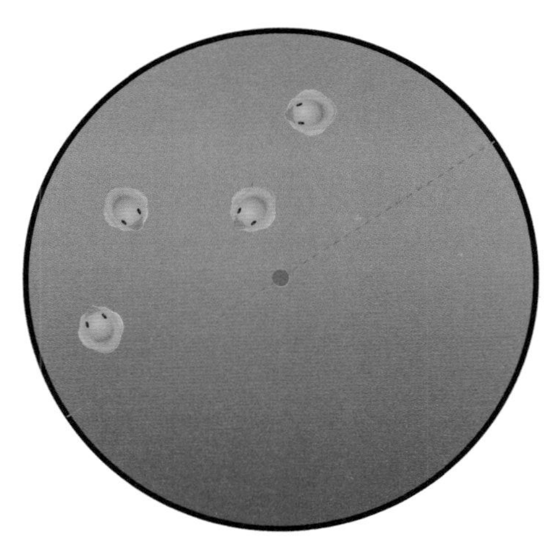

图 4.1　小黄鸭原题：4 只小黄鸭位于同一个半圆内

据说，有人问了身边好几个硕士生，结果每个人做出来的答案都不一样。

乍一看，这道题中有圆形、有概率，每个人做出来的答案又都不一样，我就怀疑是否跟“伯特兰德悖论”（Bertrand paradox，又译“贝特朗奇论”）有关：

> 在一个单位圆里随机选取一条弦，它的长度大于 $\sqrt{3}$ 的概率是多少？

伯特兰德悖论问题有三种解法，对应得到三种不同的答案。

- **随机端点法**（如图 4.2a）：在圆上等可能地选取两个点 P、Q，并将这两点连接成弦。PA、PB 是从 P 点出发的、长度恰为 $\sqrt{3}$ 的两条弦，$|PQ| \geqslant \sqrt{3}$ 的充要条件就是点 Q 落在弧 AB（劣弧）内部。不难算出 $\angle APB = 60°$，弧 AB 占整个圆周的 1/3。因此，弦 PQ 的长度大于 $\sqrt{3}$ 的概率也是 1/3。
- **随机半径法**（如图 4.2b）：在圆中等可能地选取一条半径 OA，再在此半径上等可能地选取一个点 M，过此点作与半径 OA 垂直的弦 PQ。图中用红色虚线画出的小圆半径为 1/2，不难算出，$|PQ| \geqslant \sqrt{3}$ 的充要条件就是 M 点落在小圆内。半径 OA 有一半落在小圆内，所以弦 PQ 的长度大于 $\sqrt{3}$ 的概率就是 1/2。
- **随机中点法**（如图 4.2c）：在圆中等可能地选取一个点 M，将它与圆心 O 连接在一起，然后过 M 点做与 OM 垂直的弦 PQ。同样地，$|PQ| \geqslant \sqrt{3}$ 的充要条件是 M 点落在红色虚线小圆内。而小圆的面积占了大圆的 1/4，所以弦 PQ 的长度大于 $\sqrt{3}$ 的概率就是 1/4。

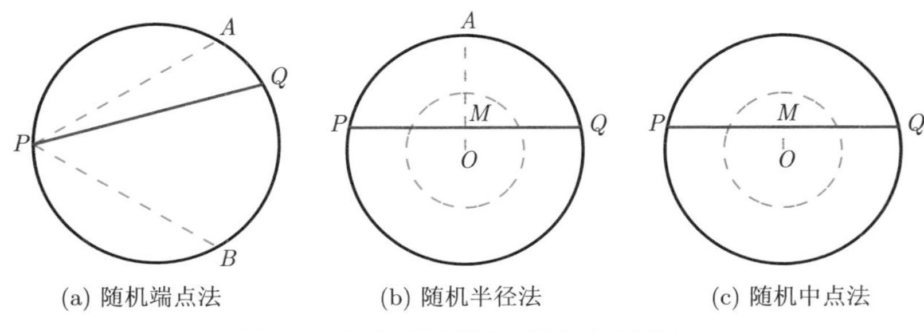

(a) 随机端点法　(b) 随机半径法　(c) 随机中点法

图 4.2　伯特兰德悖论问题的三种解法

有没有觉得很神奇？三种解法看起来都没有错误，却得出了三种不同的答案。原来，伯特兰德悖论的题意并不明确："随机选取一条弦"这句话并不能唯一地指定一种弦的分布。图 4.3画出了按三种解法分别随机选取的 600 条弦。可以看到，随机端点法选取的弦比随机半径法选取的更倾向于分布在圆的边缘，所以在圆内部留下了更多的"孔洞"；随机中点法则更甚，圆心附近的"孔洞"更加明显。

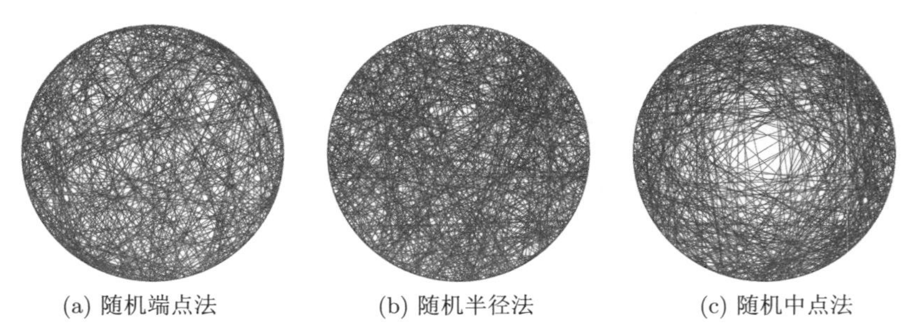
(a) 随机端点法　(b) 随机半径法　(c) 随机中点法

图 4.3　伯特兰德悖论问题的三种解法分别导出的弦分布

不过仔细一想，小黄鸭问题其实并没有"伯特兰德悖论"那样的毛病：小黄鸭到圆心的距离是无关紧要的，重要的只是它们在圆心的哪个方向。为了简化问题，可以让小黄鸭们都沿着远离圆心的方向游到岸边，如图 4.4所示。这样的操作可以把“二维圆形内的均匀分布”简化成“一维圆周上的均匀分布”，维度降低了，问题自然会变简单。为了下文叙述更方便，我们再让小黄鸭们原地右转 90 度，岸在自己的左边，圆心在右边。

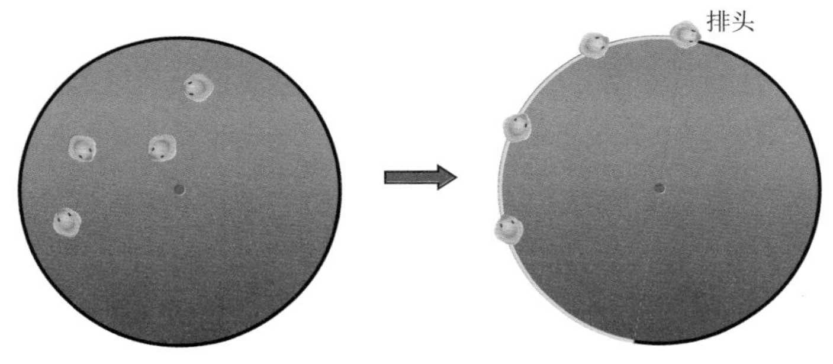

图 4.4　让小黄鸭们游到岸边，右转排成一列

如果小黄鸭们最初是在同一个半圆里，那么游到岸边之后，它们就会位于同一个半圆弧上，并且有一个“排头”。在选定了排头之后，其他小黄鸭必须位于它后方的半圆周（黄色）上，而不能位于它前方（黑色的半圆周）。对于除了排头的每一只小黄鸭来说，位于排头后方的概率是 1/2，那么 3 只小黄鸭都位于排头后方的概率就是 $(1/2)^3 = 1/8$。而 4 只小黄鸭中，任一只都有可能充当排头，所以题目的答案就是 $1/8 \times 4 = 1/2$。

沿着上面的思路，我们可以很容易地对小黄鸭的数量进行推广：n 只小黄鸭位于同一个半圆内的概率等于 $n/2^{n-1}$。

喏，题目就做完啦！不过，在做完题之后，我又把这道题想了好几天。为什么呢？因为只在二维里思考这个问题不过瘾呀！不妨尝试一下三维情况：4 只小黄鸭等可能地出现在一个球面上，它们位于同一个半球面的概率是多少呢？三维版本的问题无法直接套用二维的解法，因为在球面上不会有“排头”这个概念。

4.2 高维情况初探

“3Blue1Brown”频道曾经讲解过一道 Putnam 数学竞赛题目，恰好就给出了小黄鸭问题的三维版本的解答。这道 Putnam 竞赛题目是这样的：

> 如图 4.5，在一个球面上等可能地取 4 个点，它们连成的四面体包含球心的概率是多少？

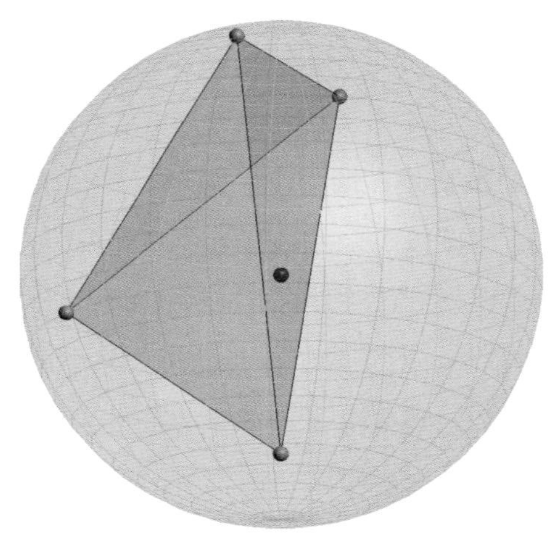

图 4.5 Putnam 竞赛题：在球面上取 4 个点，连成一个四面体

这道题跟小黄鸭问题有什么关系呢？请注意，“四面体包含球心”跟“4 个点位于同一个半球面”恰好是互补事件（忽略四点共面、球心位于四面体的面上等零概率事件），所以“4 只小黄鸭位于同一个半球面”的概率，就等于 1 减去“四面体包含球心”的概率。

要解决高维问题，有效的办法还是降维。不过，在上一节的结尾已经说了，小黄鸭问题无法直接从二维推广到三维，因为“排头”的概念在球面上不适用了。那怎么办呢？Putnam 竞赛题里提到了“四面体”的概念，这正好给我们提供了另一种降维的思路：四面体在二维里的对应物是三角形，所以我们先考虑圆周上有 3 只小黄鸭的情况。

我们在圆周上依次放置 3 只小黄鸭。在放了 2 只之后，第 3 只如果想跟前两只构成一个包含圆心的三角形，它就只能被放在圆周上特定的一段内。具体地说，设前两只小黄鸭位于 A、B 点，它们关于圆心的对称点分别是 A'、B'，那么第 3 只小黄鸭就必须位于 A'、B' 之间的劣弧上，如图 4.6。

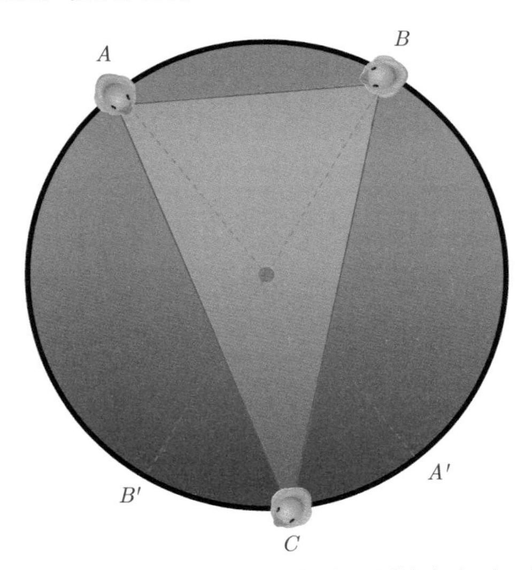

图 4.6　二维空间中，第 3 只小黄鸭必须放在劣弧 $A'B'$ 上

在 A、B 两点确定下来后，三角形 ABC 包含圆心的概率，就等于劣弧 $A'B'$ 的长度除以圆周长。但是劣弧 $A'B'$ 的长度不是固定的，

它与 A、B 两点的位置有关，因此三角形 ABC 包含圆心的概率，应该等于 A、B 遍历所有位置时，劣弧 $A'B'$ 的长度与圆周长比值的期望。这个期望当然可以用微积分来算，不过“3Blue1Brown”频道给出了一种绕开微积分的巧妙算法。这种巧妙算法的精髓在于，把“在圆周上取 3 个点”的过程描述为如下的步骤：

1. 等可能地选取两条直径；
2. 在圆周上等可能地选取点 C；
3. 在两条直径上，分别等可能地选取一个端点作为 A、B，另一端作为 A'、B'。

这种描述有什么好处呢？我们看第 3 步，这一步里一共有 4 种选端点的方法，其中只有一种能让三角形 ABC 包含圆心——把 C 所在的那一段劣弧的端点选为 A'、B'。4 种选法是等可能的，所以在直径和点 C 确定之后，三角形 ABC 包含圆心的概率就是 1/4。剩下的事情便是遍历直径和点 C 的所有位置，对这个概率求期望。然而这个概率 1/4 是个常数啊！于是求期望的步骤可以免了，1/4 就是答案。“先选直径、再选端点”这种描述法的精彩之处在于让最后一步达到目的的概率，与前面的所做步骤无关。

于是我们得到，圆周上由三个点组成的三角形包含圆心的概率是 1/4，那么三个点位于同一个半圆弧上的概率就是 $1 - 1/4 = 3/4$。可以验证，这个结果与用 4.1 节中的方法算出的结果是一致的。

现在我们回到三维。把“在球面上取 4 个点”的过程描述为如下的步骤：

1. 等可能地选取三条直径；
2. 在球面上等可能地选取点 D；

3. 在三条直径上，分别等可能地选取一个端点作为 A、B、C，另一端作为 A'、B'、C'。

正如二维中两条直径把圆周分成 4 段劣弧那样，在三维中，三条直径两两确定一个平面，这些平面会把球面切成 8 个球面三角形。点 D 落在哪一个球面三角形里，第 3 步就把这个球面三角形的顶点选为 A'、B'、C'（如图 4.7），这就能让四面体 $ABCD$ 包含球心，这个概率是 1/8。注意此概率跟点 D 所在的球面三角形的大小无关！于是可以免去对前两步求期望的步骤，直接得到"四面体包含球心"的概率等于 1/8。如果此时要求"球面上 4 只小黄鸭位于同一个半球面"的概率，结果显而易见就是 $1-1/8=7/8$。

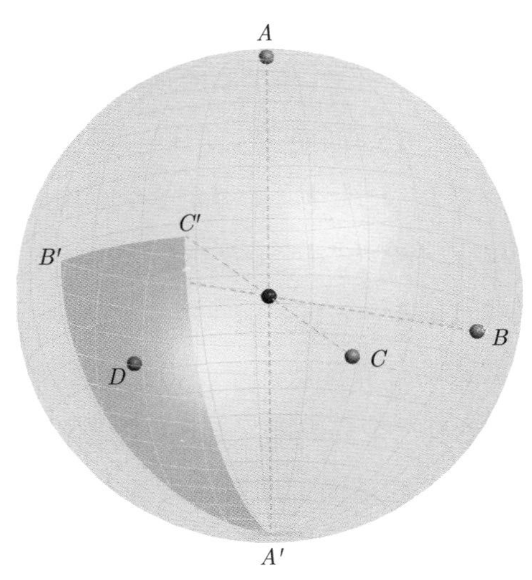

图 4.7　三维空间中，点 D 必须位于球面三角形 $A'B'C'$ 内

上面的推理过程还可以继续向高维推广。考虑 d 维空间中的 $d-1$ 维超球面，在上面等可能地选取 $d+1$ 个点，它们构成一个 d 维单纯形。这个单纯形包含超球心的概率是多少呢？和前面同样，把选取 $d+1$ 个点的过程描述成如下三步：

1. 等可能地选取 d 条直径；
2. 在超球面上等可能地选取一个点 P；
3. 在 d 条直径上，分别等可能地选取一个端点，一边标上不带撇的字母，另一边标上带撇的字母。

所有 d 条直径，每 $d-1$ 条一组合，可以得到 d 个过球心的超平面，它们将超球面分割成 2^d 份。第 2 步中选取的点 P，会落在其中一份上。点 P 与所有其他不带撇字母表示的点构成的单纯形若要包含超球心，则 P 点所在的那一份儿超平面的顶点，必须都标有带撇的字母，这个概率为 $1/2^d$。这是个常数，所以可以免去对前两步求期望的步骤，直接得到“$d-1$ 维球面上 $d+1$ 个点构成的单纯形包含球心”的概率为 $1/2^d$。那么，“$d-1$ 维球面上 $d+1$ 个点位于同一个半超球面”的概率就是 $1-1/2^d$。

现在我们已经成功打破了次元壁，得到了高维情况下的一些结论。不过，这些结论有一个局限性：点数只能等于空间维数加 1。如果我在任意维空间中的超球面上选取任意多个点，求它们位于同一个半超球面的概率，又应该怎样计算呢？

4.3 高维情况再探

在这一节，我们来直捣黄龙地研究如下问题：在 d 维空间中的 $d-1$ 维超球面上等可能地选取 n 个点，它们位于同一个半超球面的概率是多少？

在上一节中，我们借助“d 维单纯形”的概念打破了从低维到高维的壁垒，但这受“点数必须等于空间维数加 1”的局限。要摆脱这个局限，就只能扔掉“单纯形”这根拐棍了。既然问题是关于“半超球面”的，我们就从这个概念本身入手。

注意，在半超球面上，有一个“极点”的概念。例如地球的“北半球”这个半球面的极点就是“北极”。反过来，找到地球的北极，就能唯一确定北半球。推广到超球面上，指定一个极点，也能唯一确定一个半超球面。这样，我们就把“半超球面”这个庞然大物，跟“点”这个小巧玲珑的概念对应了起来。考虑一下：若 n 个点位于同一个半超球面上，那么这个半超球面的极点 P 需要满足什么条件呢？

我们回到二维来直观地观察。设二维空间中有一个圆 O，其圆周上的 A、B、C 三点位于同一个半圆弧上，这个半圆弧的极点为 P，如图 4.8。不难发现，角 POA、POB、POC 都是锐角（或直角）。

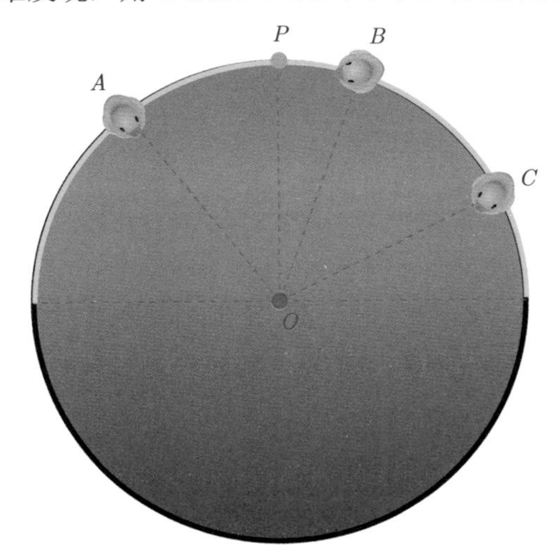

图 4.8 A、B、C 三点都位于以 P 为极点的半圆弧上

注意，在“角 POA”这个说法中，点 P 和点 A 的地位是对称的。这提示我们“A 位于以 P 为极点的半圆弧上”也可以说成“P 位于以 A 为极点的半圆弧上”。于是我们就得到了点 P 的活动范围：它必须位于分别以 A、B、C 为极点的三个半圆弧的交集中。如果像图 4.9（左）那样，这三个半圆弧有交集（黄色圆弧），P 点可以在这个交集里自由活动，就表示“A、B、C 位于同一个半圆弧上”；如果像图 4.9（右）那样，这三个半圆弧没有交集，那么 P 点就无处容身了，表示 A、B、C 三点就不位于同一个半圆弧上。

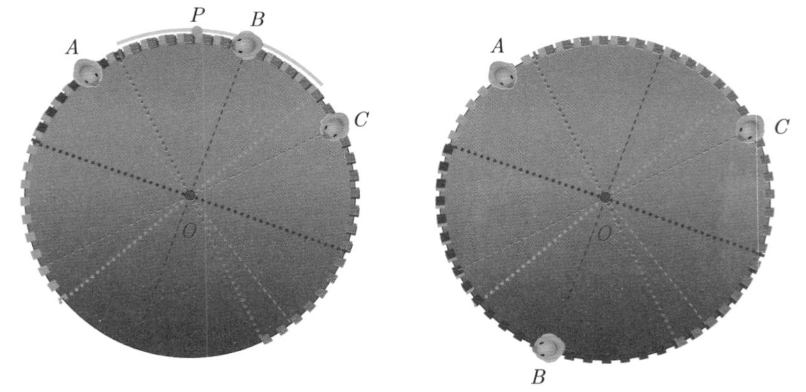

图 4.9　（左）P 点位于以 A、B、C 为极点的三个半圆弧的交集（黄色圆弧）上；（右）以 A、B、C 为极点的三个半圆弧没有交集，P 点不存在

在图 4.9的两个图里，我把 B 点分别画在了同一条直径的两端。这有没有让你想到些什么呢？对！我们还可以借鉴 4.2 节中“把取点的过程拆开描述”的办法，让最后一步是“在直径上等可能选取端点”。在 4.2 节中，C 点的地位与 A、B 是不同的，所以单独列了一步来描述它。而现在，A、B、C 的地位都是相同的，所以只需要用两步来描述取点的过程：

1. 等可能地选取三条直径；

2. 在每条直径上，分别等可能地选取一个端点作为 A、B、C。

选定直径后，第 2 步“选取端点”有 8 种取法。上面的图 4.9只画出了其中的两种，因为把 8 种全部画出来太麻烦了，我就省略了。重要的问题是：在这 8 种取法中，有几种会让以 A、B、C 为极点的半圆弧有交集呢？

观察图 4.9中以 B 为极点的半圆弧。与 OB 垂直的直径把圆周切成了两半，以 B 为极点的半圆弧必为其中的一半。同样，以 A、C 为极点的半圆弧，也必然是与 OA、OC 垂直的直径把圆周切成的两半中的一半。把多余的线都擦掉，只保留与 OA、OB、OC 垂直的三条直径，如图 4.10。可以看到，它们把圆周切成了 6 份。其中的每一份，都是三个半圆弧的交集，各对应着“选取端点”的一种方法。注意这与 6 份的大小无关！

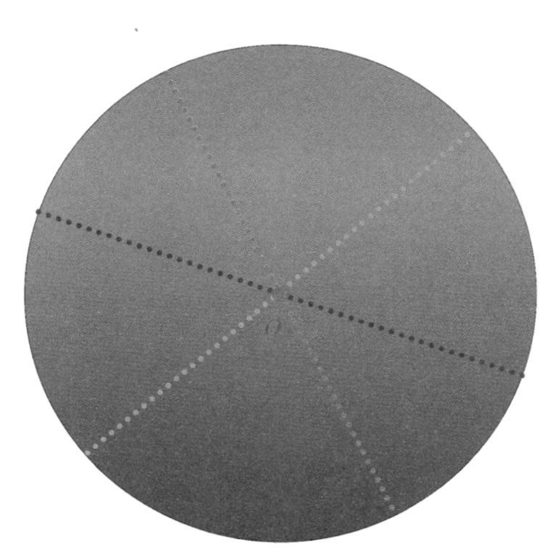

图 4.10　与 OA、OB、OC 垂直的三条直径，把圆周分成了 6 份

于是得到：在 8 种选取端点的方法中，有 6 种可以使得以 A、B、C 为极点的三个半圆弧有交集。这 8 种选法是等可能的，所以 A、B、C 位于同一半圆弧上的概率为 $6/8 = 3/4$。这是一个常数，所以可以免去对第 1 步求期望的步骤，即 3/4 就是最终答案。

上面研究的是二维空间中 3 个点的情况。下面我们首先对点数进行推广。当点数为 n 时，在 n 条直径中选取端点就有 2^n 种取法。与这些直径垂直的那些直径，会把圆周分割成 $2n$ 份，其中每一份都对应一种能使所有点都位于同一个半圆弧上的取法。所以 n 个点位于同一半圆弧上的概率就是 $2n/2^n = n/2^{n-1}$。你看，我们又得到了与 4.1 节中相同的结论！

然后我们往高维推广。为了避免步子太大，先看三维情况。若在球面上选取三个点 A、B、C，则它们位于同一个半球面的充要条件是，以 A、B、C 为极点的三个半球面有交集。如图 4.11所示，以 A、B、C 为极点的三个半球面的交集是黑色区域。在此区域内任取一点为极点，作一个半球面，都能把 A、B、C 三点包含在内。

仍考虑“两步取点法”：

1. 等可能地选取三条直径；

2. 在每条直径上，分别等可能地选取一个端点作为 A、B、C。

第 2 步有 8 种取法，其中有几种能使得三个半球面有交集呢？以 A 为极点的半球面，是与 OA 垂直的大圆面（图 4.11中的红色圆圈所在的平面）把球面切成两半后的一半。注意，切割球面的是大圆面，不是直径了！与 OA、OB、OC 分别垂直的三个大圆面（图 4.11中红、绿、蓝三个圆圈所在平面）把球面切成的每一块，都对应一种能使三个半球面有交集的取法。三个大圆面会把球面切成 8 块（不考虑特殊情况)，所以球面上取三个点位于同一个半球面的概率为 $8/8=1$。

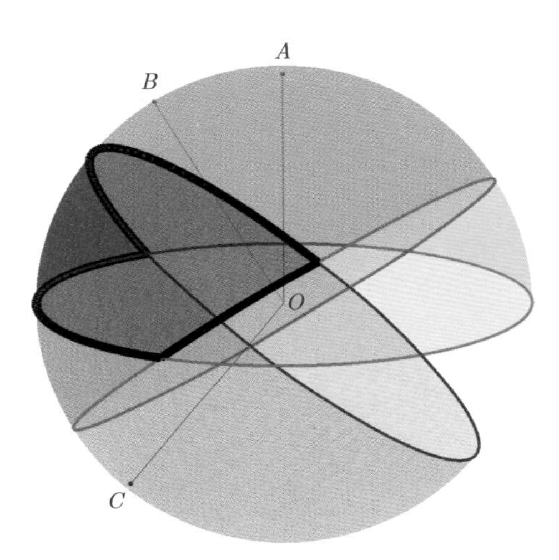

图 4.11　以 A、B、C 为极点的三个半球面有交集（黑色区域）

咦？这个概率怎么等于 1 了？没有错吗？确实没错。三点定一面，过球心作一个平面 F 与此面平行，则三点都在平面 F 的同侧，当然位于同一个半球面啦。

继续对点数推广：在三维空间里的球面上等可能地选取 n 个点，它们位于同一个半球面的概率是多少呢？根据刚才的经验，这个概率应该是一个分数，它的分母等于 2^n，而分子是 n 个大圆面把球面切成的块数。且慢，我先数一下 4 个大圆面把球面切成的块数，见图 4.12。

好像有点数不清了呢……

更一般地，在 d 维空间里的 $d-1$ 维超球面上等可能地选取 n 个点，它们位于同一个半超球面的概率也是一个分数，其分母依然等于 2^n，而分子是 n 个过超球心的 $d-1$ 维超平面把超球面切成的块数。天啊，这怎么数……

且听下回分解。

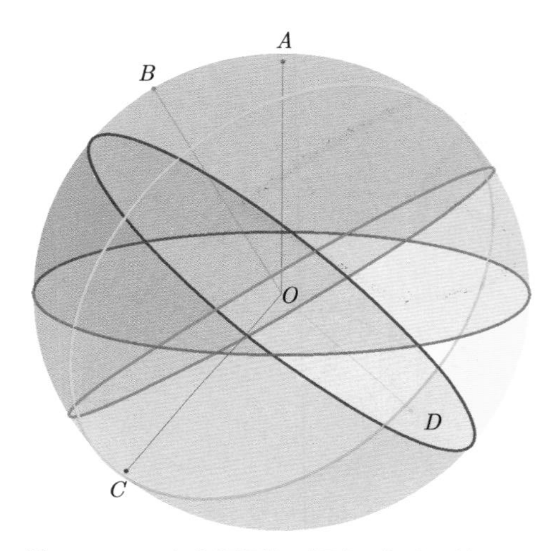

图 4.12　4 个大圆面把球面切成了几块呢？

4.4 高维情况的解决

上一节讲到，在 d 维空间里的 $d-1$ 维超球面上等可能地选取 n 个点，它们位于同一个半超球面的概率等于一个分数，其分母等于 2^n，而分子是 n 个过超球心的 $d-1$ 维超平面把超球面切成的块数。我们仅考虑这 n 个超平面处于一般位置的情况，因为特殊位置（比如 n 个超平面在超球面上交于同一点）的概率都是 0。

如果把作为分子的块数记为 $f_d(n)$。我们已经数出来的是：

- 在二维情况下，n 条直径会把圆周切成 $f_2(n)=2n$ 块；
- 在三维情况下，3 个大圆面会把球面切成 $f_3(3)=8$ 块。

在数 $f_3(4)$ 的时候我们遇到了困难，因为图形已经难以观察了。那么在更高维的情况下，想靠手工来“数”就更不可能了，必须要想办法“算”。

这回我们从一维开始。一维空间，就是一条直线；其中的“0 维超球面”，就是与“超球心”等距的两个点。而用来分割这两个点的“0 维超平面”，就是“超球心”这个点本身。如图 4.13 所示，可以看到不管怎么切，“0 维超球面”永远是分成两块儿的，所以有

$$f_1(n) = 2, \quad \forall n \geqslant 1 \tag{4.1}$$

图 4.13　一维空间中的“超球面”是两个点

现在来到二维。在二维空间中，一条直径可以把圆周切成两块，所以 $f_2(1) = 2$。之后每加一条直径，都会把已经切出的某两块进一步一分为二，所以会多出两份来，如图 4.14 所示，可以得到：

$$f_2(n) = f_2(n-1) + 2 \tag{4.2}$$

这步加的这个 2 其实有讲究，只是我们暂时还看不出来。

现在进入三维。如图 4.15，三维空间中，一个大圆面（红圈所在平面）把球面切成了两块，所以 $f_3(1) = 2$。再增加一个大圆面（绿圈所在平面）时，会发生什么呢？新增的大圆面本身确定了一个二维空间。球面与这个二维空间的交集，就是绿圈这个圆周；之前已有的大圆面（红圈所在平面）与这个二维空间的交集，是一条直径（虚线）。绿圈被这条直径切成了 $f_2(1) = 2$ 段，而其中的每一段，又把球面上的一块给一分为二了。所以，引入第二个大圆面时，会让球面被切成的块数增加 $f_2(1)$，即：

$$f_3(2) = f_3(1) + f_2(1) = 4 \tag{4.3}$$

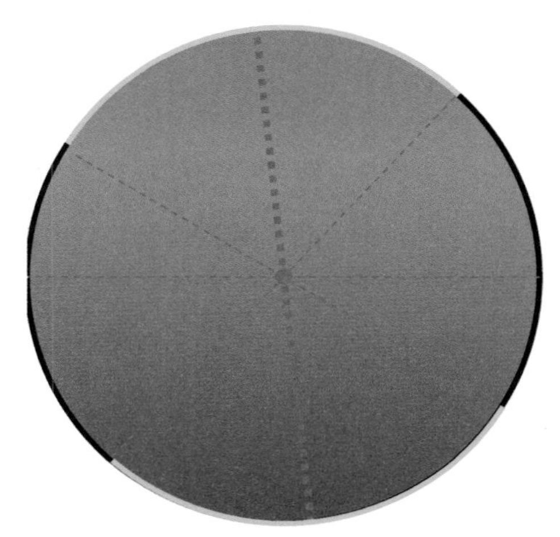

图 4.14　二维空间中，添加一条直径（粗线）能够把圆周上原有的两块（黄色）一分为二

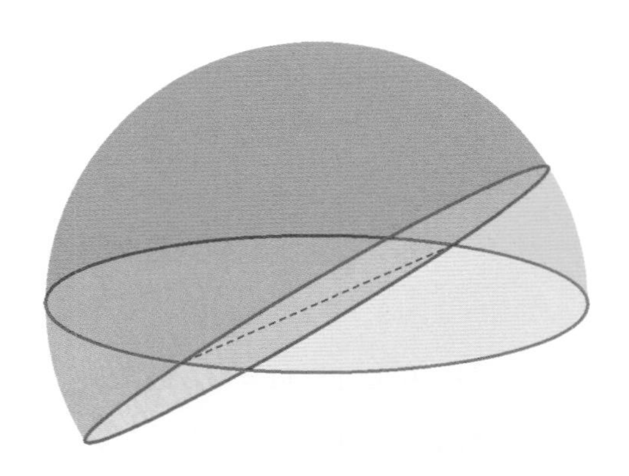

图 4.15　红圈把球面切成 2 块，绿圈把每一块又切成 2 块，一共 4 块

两个大圆面把球面切成了 4 块。那再加入第三个大圆面呢？如图 4.16，新增的大圆面（蓝圈所在平面）与已有的两个大圆面交于两条直径，这两条直径把蓝圈切成了 $f_2(2) = 4$ 段，其中每一段都会把

球面上已有的 4 块进一步一分为二。所以有：

$$f_3(3) = f_3(2) + f_2(2) = 8 \tag{4.4}$$

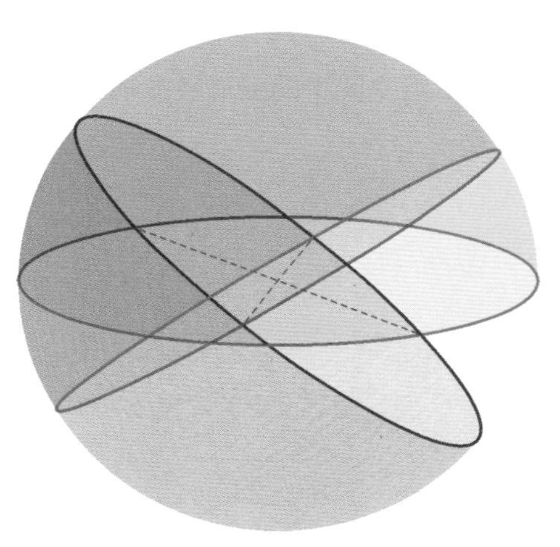

图 4.16　蓝圈又把球面多切出 4 块，一共 8 块

终于可以计算 $f_3(4)$ 了。如图 4.17 所示，第四个大圆面的圆周（黄圈），被三条直径切成了 $f_2(3) = 6$ 段，它们会把球面上的 6 块进一步一分为二，即：

$$f_3(4) = f_3(3) + f_2(3) = 14 \tag{4.5}$$

上面的递推过程，也可以继续推广到高维。一般地，在 d 维空间中加入第 n 个超平面时，超球面与这个超平面的交集，会被之前的 $n-1$ 个超平面切成 $f_{d-1}(n-1)$ 块，其中的每一块，都会把超球面上的某一块进一步一分为二。所以可得 $f_d(n)$ 的递推式：

$$f_d(n) = f_d(n-1) + f_{d-1}(n-1) \tag{4.6}$$

我们可以回头看一下二维情况。二维里的递推式为 $f_2(n) = f_2(n-1)+2$，其中的 2，其实是 $f_1(n-1)$。怎么理解呢？二维空间里新增的一条直径，本身确定了一个一维空间，这个一维空间里的“超球面”（即两个点）被原有的 $n-1$ 条直径分割成了 $f_1(n-1)=2$ 个点，每个点都会导致二维空间中的圆周被多切出一块来。

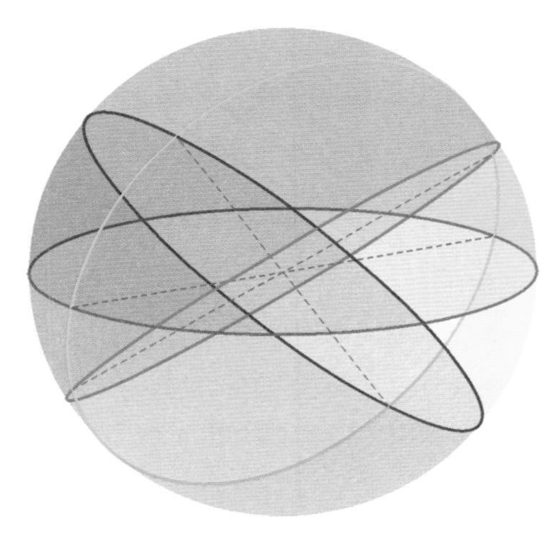

图 4.17 黄圈又把球面多切出 6 块，一共 14 块

根据式 (4.6)，我们可以很容易地推出一些项来，如图 4.18所示。

$d\backslash n$	1	2	3	4	5	6
1	2	2	2	2	2	2
2	2	4	6	8	10	12
3	2	4	8	14	22	32
4	2	4	8	16	30	52
5	2	4	8	16	32	62
6	2	4	8	16	32	64

图 4.18 用递推式计算 $f_d(n)$ 的一些项

比如，在四维空间中，6 个超平面可以把超球面切成 $f_4(6)=52$ 块，所以超球面上 6 个点位于同一个半超球面的概率为 $f_4(6)/2^6=52/64=0.8125$。

现在我们有了 $f_d(n)$ 的递推式，剩下的就是求通项了！求通项的方法有很多，比如多项式拟合、z 变换等，但我发现最容易的方法就是直接观察上面的递推表。

就以 $f_4(6)=52$ 这一项为例。如图 4.19，它等于左边一列中 22 与 30 的和。而 22 与 30，又分别是再左边一列中 8 与 14、14 与 16 的和，其中 14 被算了两遍。再往左推一列，就是 2、6、8、8 的和，它们分别参与了 1、3、3、1 次计算——有没有看出，1、3、3、1 就是 $(x+1)^3$ 的展开式系数，也是杨辉三角中的一行呢？

	0					
$d\backslash n$	0	0	3	4	5	6
1	2	2	2	2	2	2
2	2	4	6	8	10	12
3	2	4	8	14	22	32
4	2	4	8	16	30	52
5	2	4	8	16	32	62
6	2	4	8	16	32	64

图 4.19　从 $f_4(6)=52$ 往左递推

一直往左推，直到推到第一列。遇到出界没关系，界外的元素全当成 0 就可以了。不难看出，$f_4(6)=52$ 可以拆成第一列中四个 2 和两个 0 的和，它们的系数分别是 $C_5^0,\cdots,C_5^5$。忽略 0，只保留 2，可以得到：

$$f_4(6)=2(C_5^0+C_5^1+C_5^2+C_5^3) \tag{4.7}$$

用上面的观察法，可以得到 $f_d(n)$ 的通项：

$$f_d(n) = 2\sum_{i=0}^{d-1} C_{n-1}^{i} \tag{4.8}$$

于是，在 d 维空间中的 $d-1$ 维超球面上等可能地选取 n 个点，它们位于同一个半超球面上的概率就是：

$$f_d(n)/2^n = \frac{1}{2^{n-1}}\sum_{i=0}^{d-1} C_{n-1}^{i} \tag{4.9}$$

我们终于解决了“小黄鸭”问题在任意维空间中的推广版本！

最后的概率公式有一些值得注意的特殊情况：当 $n \leqslant d$ 时，所有二项式系数都齐全，概率等于 1；当 $n = 2d$ 时，二项式系数恰好存在一半、缺一半，概率等于 1/2。

4.5 编程验证

在前面几节中，我们用数学方法解决了这样一个问题：在 d 维空间中的 $d-1$ 维超球面上等可能选取 n 个点，它们位于同一个半超球面的概率是多少？答案是 $\frac{1}{2^{n-1}}\sum_{i=0}^{d-1} C_{n-1}^{i}$。

对于比较复杂的概率问题，一个很有用的验证对错的方法，就是编程模拟。除了验证对错以外，编程模拟的结果有时也能给予我们灵感，帮助我们提出猜想。现在咱们也来试着编个程序，验证一下上面的结果吧！

验证结果的程序，需要做两件事情：

1. 在高维超球面上等可能地取点；
2. 对于给定的一组点，判断它们是否位于同一个半超球面上。

这两件事情似乎都不简单。

第 1 件事其实是有“标准答案”的：从高维标准正态分布中随机采样，然后把取到的点归一化到单位超球面上。从高维标准正态分布中随机采样，其底层使用的是 Box-Muller 变换，这也是一个非常巧妙的算法。不过我们现在不需要深入研究其原理，因为许多编程语言已经提供了“从高维标准正态分布中随机采样”的功能，比如 Matlab 的randn函数。利用这个函数，我们可以写出如下的程序框架，来验证我们算出的概率：

```
% 估算 d 维空间中 d-1 维超球面上 n 个点位于同一个半超球面的概率
function prob = simulate(n, d)
    total = 10000;              % 总共模拟 10 000 次
    success = 0;                % n 个点位于同一个半超球面的次数

    for i = 1:total
        % 从 d 维标准正态分布中随机抽取 n 个点（每行分别为一个点的坐标）
        points = randn(n, d);

        % 把所有点都归一化到单位超球面上
        % 在较老版本的 Matlab 上，要写成：
        % points = bsxfun(@rdivide, points, sqrt(sum(points .^ 2, 2)));
        points = points ./ sqrt(sum(points .^ 2, 2));

        % same_hemisphere 用于判断多个点是否位于同一个半超球面上
        success = success + same_hemisphere(points);
    end

    prob = success / total;     % 返回估算出的概率
end
```

框架中的same_hemisphere函数，负责做第二件事——判断多个点是否位于同一个半超球面上。这件事又该怎么实现呢？

观察图 4.20。以 A、B、C、D 为极点的四个半球面有交集（黑色区域，称为“可行域”），所以 A、B、C、D 点能够被同一个半球面包含，这个半球面的极点可以在黑色区域内任取。要判断一组点是否位于同一个半（超）球面上，其实就是判断以它们为极点的半（超）球面是否有交集。在二维空间中，这样的交集是一段圆弧；在三维空间中，这样的交集是图 4.20中那样的球面多边形。

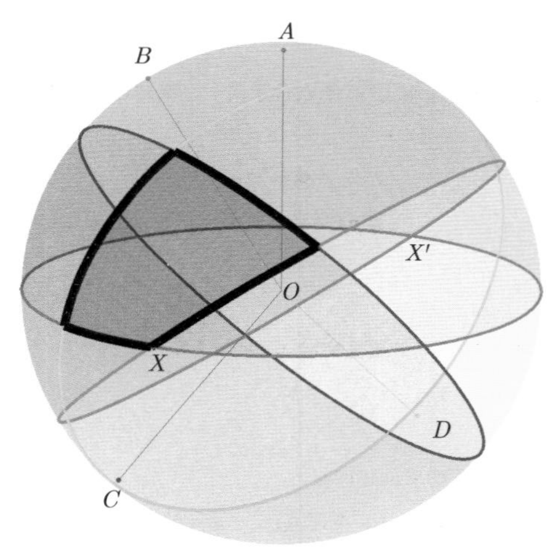

图 4.20　以 A、B、C、D 为极点的四个半球面有交集（黑色区域）

如果你之前学过计算几何，也许现在就已经跃跃欲试了。计算几何里有一个经典问题是“半平面交”，我们在这里要做的是“半球面交”。“半平面交”交出来的结果是平面凸多边形，“半球面交”交出来的就是球面凸多边形。这样的图形可以用顶点的序列来表示……先不要着急，休息一会儿。“半球面交”的程序固然能写，但写起来会很麻烦；并且，“半球面交”只能解决三维情况，更高维的情况还解决不了。因此我们还需要更巧妙的办法！

再观察图 4.20。如果黑色区域存在，那么它一定会有顶点（忽略两个大圆重合等概率为零的特殊情况），这些顶点都是两个大圆的交点。我先说结论，对于所有由大圆两两相交所得的交点，只要发现其中一个交点使得以它为极点的半球面能够把输入的所有点都包含在内，那么就可以说，输入的所有交点都位于同一个半球面，下面我们来检验一下。

首先枚举大圆的交点。以红圈和绿圈为例，设它们的两个交点为 X、X'。容易发现，向量 $\overrightarrow{OX}$、$\overrightarrow{OX'}$ 与向量 $\overrightarrow{OA}$、$\overrightarrow{OB}$ 都垂直。在三维空间中，可以计算向量 $\overrightarrow{OA}$、$\overrightarrow{OB}$ 的叉积并归一化，归一化后的坐标及其关于球心的对称点，就是 X 和 X'。下面就要检验 A、B、C、D 四点是否都在以 X（或 X'）为极点的半球面内了，这其实就是要看 $\overrightarrow{OX}\cdot\overrightarrow{OA}$、$\overrightarrow{OX}\cdot\overrightarrow{OB}$、$\overrightarrow{OX}\cdot\overrightarrow{OC}$、$\overrightarrow{OX}\cdot\overrightarrow{OD}$ 这几个点积是否都同号（包括等于 0）。由于向量 $\overrightarrow{OX}$ 本身就是由 $\overrightarrow{OA}$、$\overrightarrow{OB}$ 叉乘而得的，所以点积 $\overrightarrow{OX}\cdot\overrightarrow{OA}$、$\overrightarrow{OX}\cdot\overrightarrow{OB}$ 肯定等于 0，只需看 $\overrightarrow{OX}$ 与 $\overrightarrow{OC}$、$\overrightarrow{OD}$ 的点积是否同号。在图 4.20中，这两个点积均为正，所以 A、B、C、D 位于同一个半球面上。

把上面的方法推广到高维。在 d 维空间中，要确定可行域的一个顶点 X，需要指定 $d-1$ 个输入点，超球心 O 到这些输入点的向量都与 $\overrightarrow{OX}$ 垂直。Matlab 提供了一个`null`函数，输入一个矩阵，可以求出它在零空间的一组基。把 $d-1$ 个输入点排成一个 $(d-1)\times d$ 的矩阵，在非特殊情况下，这个矩阵的秩就应该是 $d-1$，其零空间只有一维，基向量就是 $\overrightarrow{OX}$。枚举从 n 个输入点中选取 $d-1$ 个点的所有可能，只要在其中一种情况下，发现 $\overrightarrow{OX}$ 与其余输入点的点积都同号（包括等于 0），就可以判定所有的输入点都位于同一个半超球面上了。

在上述基础上加入一些对特殊情况的判断，就可以写出same_hemisphere函数的代码了：

```
% 若所有点都位于同一个半超球面上，则返回 true
function result = same_hemisphere(points)
    [n d] = size(points);          % n：点数，d：空间维数
    r = rank(points);              % r：所有输入点的秩

    % 若秩小于 d，则所有输入点位于一个 d-1 维子空间里
    % 过超球心作一个 d-1 维超平面与这个子空间平行，
    % 则输入点均在其同侧，故在同一个半超球面上
    if r < d
        result = true;
        % 通常情况下秩应该等于点数，小于点数的概率为 0
        if r < n, disp('你中奖了！'); end
        return;
    end

    % 枚举从 n 个点中选 d-1 个点的所有可能
    permutations = nchoosek(1:n, d-1);
    for i = 1:length(permutations)
        mask = false(n, 1);
        mask(permutations(i, :)) = true;
        % 求选中的 d-1 个点排成的矩阵的零空间的基
        X = null(points(mask, :));
        % 通常情况下零空间应该只有一维，高于一维的概率为 0
        % 如果真的高于一维了，则确定不了顶点 X，跳过
        if size(X, 2) > 1
            disp('你中奖了！');
            continue;
        end
```

```
        % 求未选中的点与 X 的点积
        prod = points(~mask, :) * X;
        % 若所有点积都同号（包括等于 0）
        % 则可断定所有输入点位于同一个半超球面上
        if all(prod >= 0) || all(prod <= 0)
            result = true;
            return;
        end
    end

    result = false;
end
```

运行`simulate(6, 4)`，就可以估算四维空间中的 6 个点位于同一个半超球面的概率。程序需要枚举在 6 个点中选 3 个点的所有可能，复杂度较高，检验 10 000 组点需要花费 3 秒左右。运行 10 次得到的结果分别如下：

```
0.8119 0.8121 0.8114 0.8098 0.8175 0.8177 0.8065 0.8088 0.8158 0.8132
```

这些结果的平均值为 0.812 47，十分接近我们在 4.4 节算出的结果 $f_4(6) = 52/64 = 0.8125$。

代码中有两处“你中奖了”，是用来检测一些概率为 0 的特殊情况的。我参加信息学竞赛时省队的一个队友，在后来上“数值分析”课上机实验时，就遇到过概率为 0 的特殊情况。然而我把`simulate(6, 4)`运行了 1000 次，也就是检验了 1 千万组点，都没有中过奖。

CHAPTER 5 第五章 “赌徒”的征程

5.1 引子

这一章的灵感，来自于一位知乎网友问我的一道关于“赌徒必胜策略”的问题。问题的表述很简单，但解起来却比想象困难得多。我前后一共花了 5 天时间，走了各种直路和弯路，才终于曲径通幽处；在这次征程中，我学到了鞅的停时定理等之前从未接触过的数学知识。

现在，就让我带你一起踏上征程吧！

* * *

我们知道，掷硬币猜正反这种游戏方式，在硬币均匀的情况下，每局的期望收益为 0。照这样计算，不管玩多久，也不管每局下多少赌注，总的期望收益都是 0。但总有“聪明”的赌徒，提出一些“必胜策略”，声称按照这样的策略来下注，最终的期望收益大于 0。比如，赌徒阿笨采用的这种策略是比较有名的。

> **阿笨策略：** 初始时赌注为 1 块钱，以后每输一局，就把赌注翻倍，直到赢了为止。最后一局赢的钱数，等于之前输掉的所有钱数的总和再加 1，所以最后总能赚 1 块钱。

这个必胜策略当然是有 bug 的，因为它忽略了赌本有限这一重要事实。设阿笨最初有 1000 块钱，那么只要他在前 10 局中赢 1 局，就能如愿以偿地赚 1 块钱；但假如他十分不走运，连输 10 局，那么他将输掉 $1+2+4+\cdots+2^9=1023$ 块钱。这种“灾难”发生的概率是 $1/2^{10}=1/1024$，所以阿笨的期望收益为：$1\times\dfrac{1023}{1024}+(-1023)\times\dfrac{1}{1024}=0$。阿笨的策略确实能把输的概率降到很低，但随之而来的代价是每次赢只能赢一点，而一旦输，就会输得惨不忍睹。

赌徒阿聪觉得，阿笨每次赌注翻倍的玩法太冒险了。于是他提出了一种新的策略。

> **阿聪策略**：初始时赌注为 1 块钱。以后每输一局，赌注就增加 1 块钱；每赢一局，赌注就减少 1 块钱。这样赌下去，直到赌注减少到 0，或者赌本输光为止。

我针对阿聪策略举个例子，设阿聪开始时有 2 块钱。第一局输了，赌本剩下 1 块钱，赌注变成 2；第二局赢了，赌本变成 3，赌注变成 1；第三局又输了，赌本剩下 2，赌注变成 2；第四局再赢回来，赌本变成 4，赌注变成 1；第五局再赢一次，赌本变成 5，赌注变成 0，游戏结束。最后，阿聪一共赚了 3 块钱。

阿聪策略的奥妙在于，连续一输一赢的时候，第二局赢的钱要比第一局输的钱多 1 块，这样赌注不变，而赌本增加了 1 块钱。同样地，不管输掉多少局，只要不输光，就总有可能全赢回来，而在这个过程中，赌注不变，赌本增加，并且前面输的次数越多，最终赌本增加得也越多。对于一输一赢这种循环，只要初始赌本大于 1 就能无限次进行，所以阿聪自信满满地**只带了 2 块钱入场**。

直觉告诉我们，阿聪的如意算盘也是不太可能成立的，因为他也忽略了输光的可能。经过全面考虑之后，期望收益应当还是 0：既然每局的期望收益都是 0，那么任意有限局之后，总期望收益自然也是 0 嘛。这个证明思路对于阿笨策略是有效的，因为阿笨策略必然在有限时间内结束——只要一赢，游戏就结束了；而如果一直不赢，就会在有限局内输光。但对于阿聪策略，这个思路就不完整了，因为一输一赢的循环可能无限进行下去。阿聪怀有一种侥幸心理：这个“无限”，能不能打破“期望收益为 0”的魔咒呢？

5.2 递推法的困境

既然无法用简单的几句话证明阿聪策略的期望收益为 0，那么我们就来算一算，这个策略的期望收益到底是多少。计算这种问题常用递推法。为了说明递推法的原理，我们拿胆小的赌徒小白作为例子。

> **小白策略**：初始赌本为 1 块钱；赌注也是 1 块钱，且始终不变。如果赢到 5 块钱，那么见好就收；如果输光了，也没别的办法可以采用。

在任一时刻，小白手里的钱数只能是 0、1、2、3、4、5 这几个数字之一，我们不妨把这个钱数作为状态，用 $f(m)$ 表示从赌本为 m 块钱的状态出发，到游戏结束时赌本的期望。显然 $f(0)=0$，$f(5)=5$，因为 m 等于 0 或 5 时游戏就已经结束了，m 就是最后的赌本。对于 $1 \leqslant m \leqslant 4$，由于下一局有一半的可能性赢（赌本变成 $m+1$），有一半的可能性输（赌本变成 $m-1$），因此有递推式：

$$f(m)=\frac{1}{2}f(m+1)+\frac{1}{2}f(m-1) \quad (1 \leqslant m \leqslant 4) \tag{5.1}$$

根据这个递推式和边界条件 $f(0) = 0$、$f(5) = 5$，容易算出 $f(m) = m$，也就是说无论初始赌本是多少，赌到最后的期望都是不赔不赚的。

上面设了一个函数 $f(m)$，表示最终赌本的期望。但 $f(m) - m$ 才是期望收益，所以完全可以直接设 $g(m) = f(m) - m$，递推式仍然是：

$$g(m) = \frac{1}{2}g(m+1) + \frac{1}{2}g(m-1) \quad (1 \leqslant m \leqslant 4) \tag{5.2}$$

边界条件变成了 $g(0) = g(5) = 0$。容易解得 $g(m) = 0$，这也说明小白策略的期望收益为 0。

这种递推法，还可以用来求从赌本为 m 块钱的状态出发，最终输光的概率 $p(m)$。递推式仍然不变：

$$p(m) = \frac{1}{2}p(m+1) + \frac{1}{2}p(m-1) \quad (1 \leqslant m \leqslant 4) \tag{5.3}$$

边界条件是 $p(0) = 1$，$p(5) = 0$。容易解得 $p(m) = 1 - m/5$，如果从手中有 1 块钱的状态出发，就会有 4/5 的概率输光。

同样的递推法还可以用来求从赌本为 m 块钱的状态出发，到游戏结束为止，要赌的局数的期望 $T(m)$。这次递推式变成了：

$$T(m) = 1 + \frac{1}{2}T(m+1) + \frac{1}{2}T(m-1) \quad (1 \leqslant m \leqslant 4) \tag{5.4}$$

其中的 1 表示先赌一局，后两项表示的是这一局之后，期望还要赌多少局。边界条件为 $T(0) = T(5) = 0$，可以解得 $T(1) = T(4) = 4$，$T(2) = T(3) = 6$。能够看出，从赌本为 1 块钱的状态出发，平均要赌 4 局才能结束。

* * *

现在我们来研究阿聪的策略。与小白策略不同的是，赌局在发展的过程中，不仅取决于当前赌本 m，还取决于当前赌注 n，二者合在一起才构成状态。用 $g(m,n)$ 表示从赌本为 m、赌注为 n 的状态出发，到游戏结束时的期望收益，我们想求的是 $g(2,1)$。显然，$m \leqslant 0$ 或 $n = 0$ 代表游戏结束，这些时候的 $g(m,n) = 0$。对于其他状态，可以写出如下的递推式：

$$g(m,n) = \frac{1}{2}g(m+n,n-1) + \frac{1}{2}g(m-n,n+1) \quad (m > 0, n > 0) \quad (5.5)$$

显然 $g(m,n) \equiv 0$ 是一个满足递推式的解。但它是唯一解吗？我们还是要递推一下来看看。

取 $m = n = 1$，可以由两个已知项 $g(2,0) = 0$ 和 $g(0,2) = 0$ 推出 $g(1,1) = 0$。图 5.1中的红色箭头表示了这一步推理。

$n\backslash m$	-3	-2	-1	0	1	2	3	4	5	6	7	8	9
0	0	0	0	0	0	0	0	0	0	0	0	0	0
1	0	0	0	0	0								
2	0	0	0	0									
3	0	0	0	0									
4	0	0	0	0									

图 5.1 递推求解阿聪策略的期望收益（第 1 步）

但不幸的是，从现在开始，无法再取得一对 (m,n)，使得递推式中有两项已知、一项未知了。为了能够递推下去，必须设未知数。好吧，那就设我们要求的 $g(2,1) = x$。由此出发，可以依次求得 $g(1,2)$、$g(3,1)$、$g(2,2)$、$g(4,1)$、$g(3,2)$，如图 5.2所示。每一步的依据，依次用红、橙、绿、蓝、紫色箭头标了出来。

到这里又卡住了，只能继续设未知数。设 $g(5,1) = y$，由此可以求得 $g(4,2)$ 和 $g(1,3)$（依据见图 5.3中的红、橙色箭头）。此时，利用

$(m,n)=(3,2)$ 时的递推式，就能把 y 用 x 表示出来，得到 $y=32x$（绿色箭头）。

$n\backslash m$	-3	-2	-1	0	1	2	3	4	5	6	7	8	9
0	0	0	0	0	0	0	0	0	0	0	0	0	0
1	0	0	0	0	0	x	$4x$	$16x$					
2	0	0	0	0	$2x$	$8x$	$32x$						
3	0	0	0	0									
4	0	0	0	0									

图 5.2　递推求解阿聪策略的期望收益（第 2 步）

$n\backslash m$	-3	-2	-1	0	1	2	3	4	5	6	7	8	9
0	0	0	0	0	0	0	0	0	0	0	0	0	0
1	0	0	0	0	0	x	$4x$	$16x$	y				
2	0	0	0	0	$2x$	$8x$	$32x$	$2y$					
3	0	0	0	0	y								
4	0	0	0	0									

图 5.3　递推求解阿聪策略的期望收益（第 3 步）

用类似的方法，一直可以填到如图 5.4那样。

$n\backslash m$	-3	-2	-1	0	1	2	3	4	5	6	7	8	9
0	0	0	0	0	0	0	0	0	0	0	0	0	0
1	0	0	0	0	0	x	$4x$	$16x$	$32x$	$64x$	$128x$		
2	0	0	0	0	$2x$	$8x$	$32x$	$64x$	$128x$	$256x$			
3	0	0	0	0	$32x$	$64x$	$128x$						
4	0	0	0	0									

图 5.4　递推求解阿聪策略的期望收益（第 4 步）

但接下来又卡住了，因为 $g(1,4)$ 未知，意味着图 5.5中的橙色箭头不能用了。使用绿色箭头，可以推出 $g(4,3)=512x-z$，但也只能到此为止。

$n\backslash m$	-3	-2	-1	0	1	2	3	4	5	6	7	8	9
0	0	0	0	0	0	0	0	0	0	0	0	0	0
1	0	0	0	0	0	x	$4x$	$16x$	$32x$	$64x$	$128x$	z	
2	0	0	0	0	$2x$	$8x$	$32x$	$64x$	$128x$	$256x$	$2z$		
3	0	0	0	0	$32x$	$64x$	$128x$	$512x-z$					
4	0	0	0	0									

图 5.5　递推求解阿聪策略的期望收益（第 5 步）

至此，我们不仅没能解出 $g(2,1)$ 这个未知数，反而又引入了一个新的未知数 $g(8,1)$。事实上，所有形如 $g(2k^2,1)$（k 为整数）的项都会引入新未知数，未知数会越来越多。

*　*　*

阿聪的策略毕竟比较复杂，赌本、赌注都在变化，因此递推遇到困难情有可原。但其实，有一些比阿聪策略更简单的策略，用递推法一样会遇到困难，比如赌徒大白的策略。

> **大白策略**：初始赌本为 1 块钱；赌注也是 1 块钱，且始终不变。如果出现三连胜，那么见好就收；如果输光了，也没别的办法可以采用。

与小白策略不同，大白一定要赌到三连胜，这使得赌局可能像这样无限进行下去：赢、赢、输，赢、赢、输，赢、赢、输……。一直不出现三连胜，赌本却每三局涨 1 块钱。下面我们会发现，在这种存在“无限”的情况下，递推法会又一次失效。

大白策略中，赌注始终为 1，所以不必包含在状态里。状态需要记录的是到目前为止已经取得了几连胜。用 $g(m,n)$ 表示从赌本为

m、已经取得 n 连胜的状态出发，到游戏结束时的期望收益，我们要求的是 $g(1,0)$。递推式为：

$$g(m,n)=\frac{1}{2}g(m+1,n+1)+\frac{1}{2}g(m-1,0)\quad(m>0,0\leqslant n\leqslant 2)\quad(5.6)$$

边界条件为 $g(m,n)=0$（$m=0$ 或 $n=3$）。递推过程如图 5.6，关系线的使用顺序为红、绿、蓝，红、绿、蓝……。

$n\backslash m$	0	1	2	3	4	5	6
0	0	x	$6x$	$32x$	$168x$		
1	0		$2x$	$11x$	$58x$		
2	0			$3x$	$16x$	$84x$	
3	0	0	0	0	0	0	0

图 5.6　递推求解大白策略的期望收益

这样递推下去，虽然不会引入新的未知数，但 x 本身是解不出来的。

*　*　*

大白策略的递推法离解出未知数 x 其实只差一个条件。大白拿着 2 块钱入场，其实可以看作先拿 1 块钱入场，如果三连胜则结束，如果输光了，再拿剩下的 1 块钱入场。这样，初始赌本为 2 时的期望收益就可以分成两部分：一部分是初始赌本为 1 时的期望收益；另一部分还是初始赌本为 1 时的期望收益，不过这部分只在第 1 块钱输光的情况下才取得。若用 P 表示初始赌本为 1 时输光的概率，则上面的结论可以写成：

$$g(2,0) = g(1,0) + P \cdot g(1,0) \tag{5.7}$$

而之前，我们设了 $g(1,0) = x$，并已经用递推法求得 $g(2,0) = 6x$，故有

$$6x = x + Px \tag{5.8}$$

因为 $0 \leqslant P \leqslant 1$，所以上式若把 x 约掉，是不可能成立的，意味着必有 $x = 0$。

事实上，P 本身是能够求出来的。如图 5.7 所示，用递推法，可以得到拿 2 块钱入场后输光的概率为 $6P - 4$。

$n\backslash m$	0	1	2	3	4
0	1	P	$6P-4$		
1	1		$2P-1$		
2	1			$3P-2$	
3		0	0	0	0

图 5.7 递推求解大白策略输光的概率

还有一个条件也可以发掘出来：拿 2 块钱入场后，输光只有一种可能，即第 1 块钱输光，第 2 块钱也输光，故有 $6P - 4 = P^2$。由此可解得 $P = 3 - \sqrt{5}$。

通过发掘隐藏条件，我们用递推法证明了大白策略的期望收益为 0。不过阿聪策略到底还是比大白策略复杂得多，未知数都有无穷多个，要找到无穷多个隐藏条件，谈何容易！必须另辟蹊径。

5.3 鞅的停时定理

在赌博界，阿笨的策略（输了就把赌注翻倍）早就有了一个专门的名字，叫 martingale。同时这个词也指一种马具，两种意思的关系扑朔迷离，直到现在都没有定论[2]。而在汉语中，这种策略照搬了马具的名字，叫作“鞅”。

鞅作为赌博策略中的概念，也被引进到了数学中，用来指一类随机过程。它有许多种不同程度的推广，在本章中，下面这种定义就足够了。

> 鞅是一种离散时间的随机过程 $X_0, X_1, X_2, \cdots$，满足：
>
> - $E(|X_t|) < \infty, \quad \forall t \geqslant 0$
> - $E(X_{t+1} - X_t | X_0, \cdots, X_t) = 0, \quad \forall t > 0, \forall X_0, \cdots, X_t$

用通俗的语言来解释一下这个定义。X_t 可以看成赌完 t 局之后的赌本。第一条说的是，在任意**有限**时刻，赌本的绝对值的期望都是有限的。需要注意，这并不是说在所有时刻，赌本的绝对值的期望都要小于**同一个界**。事实上，第一个条件基本是废话：赌完 t 局之后只有有限种可能的结果，每种结果中赌本的绝对值都是有限的，期望当然也有限。

第二条说的是，不管前 t 局结果如何，第 $t+1$ 局赌完后，赌本的期望跟赌完 t 局后的相等。换句话说，不管前 t 局结果如何，第 $t+1$ 局的期望收益都为 0。注意，“不管前 t 局结果如何”这个条件是不能省略的，否则条件会变弱：假设硬币具有记忆，第 1 局赌完以后的每局中，硬币永远是同一面朝上，那么整体来看，每一局的期望收益确实都为 0，但给定第 1 局的结果之后，第 2 局的期望收益就不是 0

了。由 $E(X_{t+1}-X_t|X_0,\cdots,X_t)=0$ 能够推出 $E(X_{t+1}-X_t)=0$，但反之则不然。

在鞅的定义中，随机过程 $X_0,X_1,X_2,\cdots$ 是无限进行下去的，而我们研究的各种策略都有停止条件。没关系，我们可以认为停止条件被触发后，赌博仍在进行，只不过每局的赌注都是 0，赌本不再变化而已。

显然，阿笨、阿聪、小白、大白的策略都满足“不管前 t 局结果如何，第 $t+1$ 局的期望收益为 0”（因为硬币是均匀的嘛），所以它们的赌本变化都是鞅。这几个策略的初始赌本都是确定的，所以 X_0 是一个确定的数，而不是随机变量。容易证明，对于任意**有限**时刻 t，赌本的期望都等于初始赌本，即 $E(X_t)=X_0,\forall t>0$。然而我们感兴趣的是赌博停止时赌本的期望 $E(X_T)$，其中停止时间 T 是随机变量，且可能没有上界，可不能随随便便地说 $E(X_T)$ 等于 X_0。

*　*　*

鞅过程有一个**停时定理**。针对不同广度的鞅的定义，停时定理的叙述也有所不同。维基百科英文版页面的叙述中用到了 filtration 的概念，顺藤摸瓜下去很快就涉及了 σ-algebra 等非常底层的数学概念，我也没有看懂，但是意大利语页面的叙述居然通俗易懂。在本书主页“随书下载”中提供的一份英文讲义中，也有一样的通俗叙述，摘录如下。

鞅的停时定理　设 T 是鞅过程 X_t 的停止时间，则当下面三个条件之一成立时，有 $E(X_T)=X_0$：

1. T 几乎一定有界；

2. 赌注 $|X_{t+1}-X_t|$ 一致有界，且 T 的期望有限；

3. 赌本 X_t 一致有界，且 T 几乎一定有限。

有必要解释一下上述定理中的术语。"几乎一定"指的是概率为 1，如果理解困难，可以忽略这个词组。"有限"指的是只要不取无穷，取多大都可以；"有界"比"有限"强一些，其取值必须在一个有限的范围内，不能想多大就多大。"一致有界"指的是不管 t 取多少，赌注或者赌本必须在一个**与 t 无关**的有限范围内。停时定理的三个条件对 X_t 的要求越来越强，对停止时间 T 的要求则越来越弱。"T 几乎一定有限"这个条件是最弱的：如果 T 取无穷的概率不为零，那么 $E(X_T)$ 就无法定义了。

既然阿笨、阿聪、小白、大白的策略都是鞅，不如来小试牛刀一下吧。

- 阿笨的策略（输则赌注翻倍）必然在有限局内结束，满足条件 1。事实上，它三个条件全满足。
- 小白的策略（赢到 5 块钱则见好就收）可能进行任意多局，因此 T 并不是有界的，不满足条件 1。但上一节中，我们利用递推式 (5.4) 已经算出，从赌本为 1 的状态出发，利用小白策略，平均要赌 4 局才能结束，即 $E(T)=4$，故满足条件 2 中的"T 的期望有限"，当然也满足条件 3 中的"T 几乎一定有限"。在 X_t 方面，因为赌注一直为 1，赌本最少为 0，最多为 5，所以"赌注一致有界"和"赌本一致有界"都成立。综上，小白策略满足条件 2 和条件 3。
- 大白的策略（三连胜则见好就收）跟小白策略一样不满足条件 1。此外，它还不满足条件 3，因为"赢、赢、输"的循环可以无限进行下去，每循环一次，赌本都加 1，所以做不到“赌本一致有界”。条件 2 的前一半“赌注一致有界”是成立的，因为赌注始终为 1，后一半“T 的期望有限”则需要检验。还是用 5.2 节中的递推法，这里加上 $6E(T)-14=2E(T)$ 这个隐藏条件，可以求出 $E(T)=3.5$（如图 5.8），的确是有限的，满足条件 2。

$n\backslash m$	0	1	2	3	4
0	0	$E(T)$	$6E(T)-14$		
1	0		$2E(T)-2$		
2	0			$3E(T)-6$	
3	0	0	0	0	0

图 5.8　递推求解大白策略持续局数的期望

- 阿聪的策略就复杂了。它显然不满足条件 1，所以需要寻找关于 X_t 的条件。X_t 不满足条件 3——因为一输一赢可以使赌本增加 1 块钱，赌本不一致有界。X_t 甚至都不满足条件 2——赌本越多，阿聪就越有资本一输到底，而输的过程中赌注也在不断增加，所以赌注不一致有界。

我们又一次认识到，阿聪策略比大白策略更复杂，复杂到连鞅的停时定理都不能证明阿聪策略的期望收益为 0。但是，鞅的停时定理说的是“期望收益为 0”的**充分条件**而不是**必要条件**，意味着在不满足这 3 个条件的情况下，期望收益也可能为 0。阿聪策略会不会正好属于这种情况呢？要如何放宽停时定理的条件，既能使阿聪策略满足这些条件，又依然能得出期望收益为 0 的结果呢？这里需要的线索要到停时定理的证明过程中去找。

* * *

前面说过，一个鞅过程在任意有限时刻 t 的赌本期望都等于初始赌本：$E(X_t) = X_0, \forall t > 0$。这其实已经证明了条件 1 成立时的停时定理：只要把 t 取为 T 的上界就可以了，因为此时 $X_T = X_t$。而当 T 无界时，X_T 和 X_t 只有在 $T > t$ 时才会不同。如果把 t 取得足够大，那么 $T > t$ 的概率就足够小，要是 X_T 和 X_t 的差距不大，那么 $E(X_T)$ 和 $E(X_t)$ 之间的差距就可以忽略。这正是证明条件 2、3 成立时的停时定理的思路。

先来推一下 $E(X_T)$ 和 $E(X_t)$ 的差距：

$$\begin{aligned} E(X_T) - E(X_t) = P(T \leqslant t)E(X_T - X_t|T \leqslant t) \\ + P(T > t)E(X_T - X_t|T > t) \end{aligned} \tag{5.9}$$

等式右边的第一个期望为 0，所以只需关注第二项。现在看条件 3：“T 几乎一定有限”，说明随着 t 的增大，$P(T > t)$ 是趋于 0 的；而“赌本一致有界”说明 $E(X_T - X_t|T > t)$ 一致有界。这样，$E(X_T)$ 和 $E(X_t)$ 的差距随着 t 的增大逐渐趋于 0，而 $E(X_t)$ 一直等于 X_0，故 $E(X_T)$ 也等于 X_0。条件 3 的情形证毕。

与条件 3 相比，条件 2 对 X_t 的要求“赌注一致有界”变弱了。这样就不再能把 $E(X_T - X_t|T > t)$ 限制在一个固定范围内了，而只能把 $E(X_\tau - X_t)$ 限制在一个随 $\tau - t$ 线性增长的范围内，即 $|E(X_\tau - X_t)| \leqslant C(\tau - t)$，$C$ 为常数。我们来限定一下式 (5.9) 的右边第二项的范围。

$$
\begin{aligned}
&|P(T>t)E(X_T-X_t|T>t)| \\
\leqslant &P(T>t)\sum_{\tau=t+1}^{\infty}|E(X_\tau-X_t)|P(T=\tau|T>t) \\
= &\sum_{\tau=t+1}^{\infty}|E(X_\tau-X_t)|P(T=\tau) \\
\leqslant &\sum_{\tau=t+1}^{\infty}C(\tau-t)P(T=\tau) \\
\leqslant &C\sum_{\tau=t+1}^{\infty}\tau P(T=\tau)
\end{aligned}
\tag{5.10}
$$

条件 2 的另一部分“$E(T)$ 有限”，意思就是级数 $\sum_{\tau=1}^{\infty}\tau P(T=\tau)$ 收敛。而式 (5.10) 中的求和是这个级数的余项和，随着 t 的增大是趋于 0 的。$E(X_T)$ 和 $E(X_t)$ 的差距趋于 0，故 $E(X_T)=X_0$。

回顾一下条件 2 的证明过程，我们发现，“赌注一致有界”这个条件可以放宽为“赌本线性增长”。阿聪的策略中，尽管赌注并不一致有界，但赌本确实是线性增长的——在“赢”的一端，由于赢的次数不能超过输的次数（否则游戏就结束了），因此赌本增长的最快方式就是不停重复“一输一赢”的循环，而每次循环都会使赌本固定增长 1 块钱；在“输”的一端，最终输光时欠的债也不会超过一次赌注，也就不会超过赌的总局数。这样就有 $|E(X_\tau)|\leqslant C\tau$，上面的证明过程依然成立。

这样，要证明阿聪策略的期望收益为 0，就只需证明停止时间的期望 $E(T)$ 有限。然而这个证明依然不简单，留待下节分解。

5.4 会长大的笼子

现在仅剩的问题，就是证明阿聪策略的期望停止时间有限。

递推法似乎行不通。事实上，用赌本和赌注 (m,n) 作为状态时，在状态图上下一步能走的方向向量 $(+n,-1)$ 和 $(-n,+1)$ 还跟当前状态有关。能不能先把这种复杂性消灭——找一种状态表示法，使得每一步能走的方向向量跟当前状态无关呢？

答案是能。还是着眼于“一输一赢”会使赌本加 1，赌注不变；同样，“一赢一输”也使赌本加 1，赌注不变。这表明，只要游戏没有中途结束，输和赢的顺序是可以交换的；最终的赌本和赌注仅取决于输和赢的次数，而不取决于输和赢的顺序。假设到某个时刻为止，阿聪输了 l 次，赢了 w 次，那么总可以交换输赢的顺序，把 l 次输放在前面，w 次赢放在后面（就算中间输光了，也让他继续赌下去）。l 次输的赌注分别是 $1,2,\cdots,l$；w 次赢的赌注分别是 $l+1,l,\cdots,l-w+2$。此时阿聪的赌本 m 和赌注 n 就可以用 l 和 w 表示出来：

$$
\begin{aligned}
n &= l-w+1 \\
m &= 2-\sum_{i=1}^{l} i+\sum_{j=l-w+2}^{l+1} j \\
&= \frac{4+(l+w)-(l-w)(l-w+2)}{2}
\end{aligned} \tag{5.11}
$$

这就表明，(l,w) 也可以用来表示状态。每赌一局，要么 l 加 1，要么 w 加 1，总之 l 和 w 的变化量与当前状态无关。游戏结束的条件是 $n=0$ 或 $m \leqslant 0$，这两个条件也都可以用 l 和 w 表示出来，前者是一条直线，后者是一条抛物线。将它们画在图中，一目了然，如图 5.9 所示。

在图 5.9中，两条黄线代表了游戏结束的条件；蓝色格子表示赌注减小到 0，红色格子表示输光。阿聪从左下角的格子出发，每次只能向右或向上走一格，碰到黄线游戏就结束了。阿聪能够涉足的区域

（绿色格子）是越来越宽的。

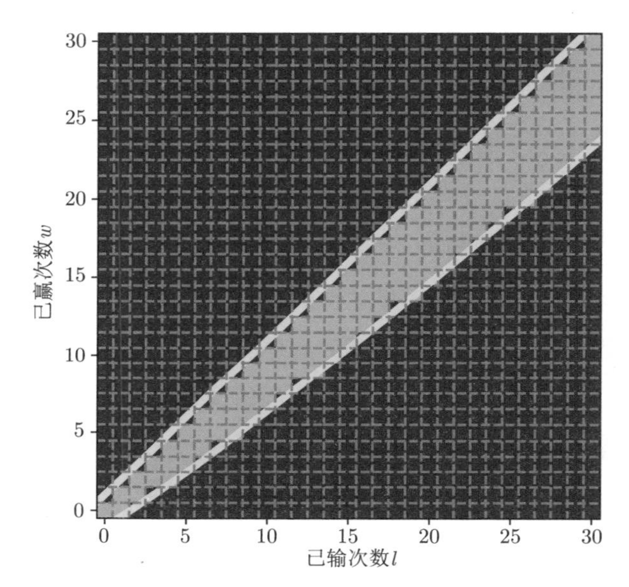

图 5.9　阿聪策略的可行域（绿色）与终止条件（黄线）

现在，状态表示足够简单了，但停止条件还比较复杂。能不能继续化简呢？当然能。在图 5.9 中，黄色的直线 $l-w+1=0$ 恰好是抛物线的对称轴，如果我们把坐标系逆时针旋转 45 度，那么抛物线的方程就能化简。把 $l-w+1$ 再反过来代换成 n，同时令 $t=l+w$，用 (n,t) 表示状态，则状态的转移方式变成了每赌一局，t 必加 1，n 可加 1 或减 1；终止条件则化成 $n=0$ 或 $n\geqslant\sqrt{t+5}$，简单多了。事实上，把 t 看作时间，把赌注 n 用 Y_t 表示，则 Y_t 就化成了如下带移动吸收壁的一维随机游走过程。

带移动吸收壁的一维随机游走： 设粒子初始位置为 $Y_0=1$，每步的位移 $Y_{t+1}-Y_t$ 等可能地取 ±1。在 $y=0$ 处有固定吸收壁，$y_t = \sqrt{t+5}$ 处有移动吸收壁，粒子碰到吸收壁则死亡。问粒子存活时间的期望是否有限？

阿聪的策略转化到这里，就有了一种柳暗花明又一村的感觉——问题成功脱离赌博的背景，变成了一道比较一般的一维随机游走问题。事实上，有许多文献研究过类似的问题，比如：

- 文献 [3] 和文献 [4] 研究了有两个移动吸收壁 $y = \pm c\sqrt{t+a}$ 的情况，吸收壁的移动速度是减慢的；
- 文献 [5] 研究了有两个移动吸收壁 $y = \pm(ct+L)$ 的情况，吸收壁的移动速度是常数；
- 上面 3 个文献研究的都是离散的一维随机游走，另一个文献 [6] 研究了连续的一维扩散在单侧有吸收壁 $y = \sqrt{At}$（另一侧自由）和双侧有吸收壁 $y = \pm\sqrt{At}$ 时的情形，这两种情形分别被形象地称为“后退的悬崖”和“会长大的笼子”。

由阿聪策略转化成的过程，就是一个“会长大的笼子”。但很不幸的是，上述文献研究都不是我们感兴趣的情景，因为我们的笼子左侧是不会长大的。要解决我们的问题，还得自力更生。

5.5 靠谱的谱分析

在上一节中，我们把阿聪的策略转化成了一个一维随机游走的 Y_t，初始位置为 $Y_0 = 1$，左侧有固定吸收壁 $y = 0$，右侧有移动吸收壁 $y = \sqrt{t+5}$。我们的目标是证明粒子的期望存活时间有限。为了寻找思路，我首先模拟一下粒子位置的分布随时间的变化情况。

用 $\boldsymbol{p_t}$ 表示 t 时刻粒子位置的分布列，它是一个长度为 $l_t = \lceil\sqrt{t+5}\rceil - 1$ 的列向量，其中第 i 个元素表示粒子处于位置 i 的概率。初始时 $\boldsymbol{p_0}=[1\ \ 0]^{\mathrm{T}}$。从 $\boldsymbol{p_{t-1}}$ 出发求 $\boldsymbol{p_t}$ 时，要先对 $\boldsymbol{p_{t-1}}$ 与向量 $[1/2\ \ 0\ \ 1/2]^{\mathrm{T}}$ 做卷积运算。从卷积得到的向量中，第一个元素要去掉，代表被固定壁吸收；最后一个元素也要去掉，代表被移动壁吸收——但当 $l_t=l_{t-1}+1$ 时除外，因为这时移动吸收壁会让出一个位置。模拟发现，$\boldsymbol{p_t}$ 一直保持着如图 5.10所示的“正弦刺猬”形状，只是幅度在不断减小。

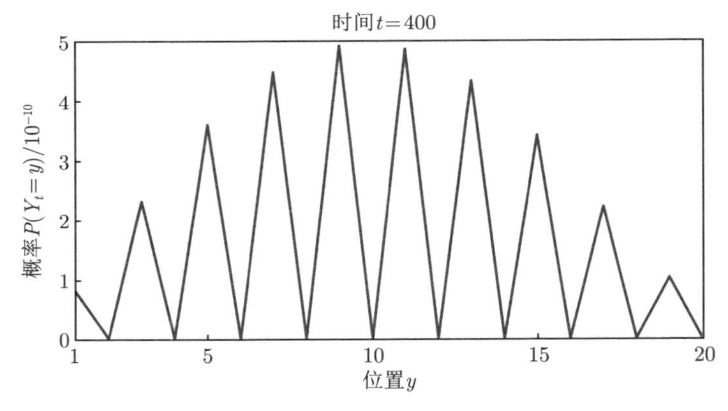

图 5.10　$t=400$ 步后粒子位置的分布

我敏锐地意识到：这可能是某个变换矩阵的特征值绝对值最大的那个特征向量！没错。对 $\boldsymbol{p_{t-1}}$ 与向量 $[1/2\ \ 0\ \ 1/2]^{\mathrm{T}}$ 做卷积，然后掐头去尾，相当于用一个矩阵去乘以 $\boldsymbol{p_{t-1}}$，这个矩阵是：

$$\boldsymbol{A}_{l_t}=\frac{1}{2}\begin{bmatrix}0 & 1 & & & \\ 1 & 0 & 1 & & \\ & 1 & 0 & \ddots & \\ & & \ddots & \ddots & 1 \\ & & & 1 & 0\end{bmatrix} \tag{5.12}$$

其阶数与 $\boldsymbol{p_t}$ 的长度 l_t 相同。在移动吸收壁两次让出位置之间的时间内，这个矩阵会反复作用于粒子位置的分布列上。矩阵的特征向量可以看成一组基，把分布列按这组基分解，则在矩阵反复作用的过程中，特征值绝对值最大的分量（称为“主分量”）衰减得是最慢的，足够长时间后，就可以认为只剩下主分量了。

因为有“掐头去尾”的操作，所以矩阵 $\boldsymbol{A}_{l_t}$ 并不是一个循环矩阵（circulant matrix），它的特征向量也就不是傅里叶变换的基了。不过，$\boldsymbol{A}_{l_t}$ 的基仍然是一系列正弦函数。具体来说，对 $\boldsymbol{A}_{l_t}$ 进行特征值分解，得到 $\boldsymbol{A}_{l_t}=\boldsymbol{V}_{l_t}\boldsymbol{D}_{l_t}{\boldsymbol{V}_{l_t}}^{\mathrm{T}}$，则有：

$$\begin{aligned}\boldsymbol{V}_{l_t}&=\sqrt{\frac{2}{l_t+1}}\left[\sin\left(\frac{ij}{l_t+1}\pi\right)\right]_{i,j=1\ldots l_t}\\ \boldsymbol{D}_{l_t}&=\operatorname{diag}\left[\cos\left(\frac{i}{l_t+1}\pi\right)\right]_{i=1\ldots l_t}\end{aligned}\tag{5.13}$$

画成图片更容易理解，如图 5.11 所示。

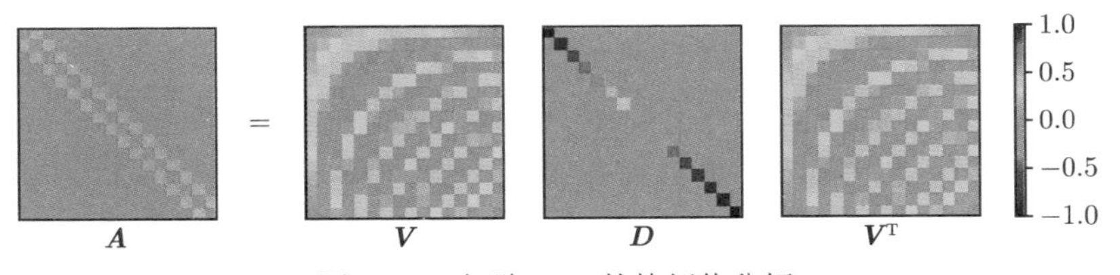

图 5.11 矩阵 $\boldsymbol{A}_{l_t}$ 的特征值分解

通过图 5.11容易看出，矩阵 $\boldsymbol{V}_{l_t}$ 的每一列都是一个正弦函数，第 1 列在 l_t+1 个点内完成了半个周期，第 2 列在 l_t+1 个点内完成了一个周期……以此类推。它们构成一组**单位正交基**。其中第一个基（振荡最慢的）和最后一个基（振荡最快的）的特征值的绝对值最大，分别是 $\pm\cos\left(\frac{\pi}{l_t+1}\right)$。这两个基以相同的系数相加或相减，就能得到“正弦刺猬”。

如果吸收壁永远不动，那么随着时间的流逝，粒子位置的分布列 $\boldsymbol{p_t}$ 中确实会只剩下两个主分量。但是，移动吸收壁不时地让出一个位置，导致 $\boldsymbol{A_{l_t}}$ 阶数增加，对应的特征向量也会发生变化（简称“换基”）。模拟发现，每次换基之后，对分布列按新的基重新分解，各个分量又都会获得不可忽略的系数，所以只考虑主分量是不严谨的。

没关系，那我们就把所有分量一起考虑。设 $\boldsymbol{p_{t-1}}$ 与 $\boldsymbol{p_t}$ 长度相同，则在由 $\boldsymbol{p_{t-1}}$ 推出 $\boldsymbol{p_t}$ 的过程中，没有发生“换基”，于是 $\boldsymbol{p_t}$ 就等于 $\boldsymbol{A_{l_t}p_{t-1}}$。用 $\boldsymbol{v_j}$ 代表 $\boldsymbol{V_{l_t}}$ 的第 j 列，其特征值为 d_j。对 $\boldsymbol{p_{t-1}}$ 按各个 $\boldsymbol{v_j}$ 分解，得到 $\boldsymbol{p_{t-1}} = \sum_j \boldsymbol{a_j v_j}$。由 $\boldsymbol{v_j}$ 的正交性，可得 $\boldsymbol{p_t} = \sum_j \boldsymbol{d_j a_j v_j}$。考虑 $\boldsymbol{p_{t-1}}$ 与 $\boldsymbol{p_t}$ 的二范数：

$$||\boldsymbol{p_t}||_2^2 = \sum\nolimits_j (\boldsymbol{d_j a_j})^2 \leqslant \sum\nolimits_j (\boldsymbol{d}_1 \boldsymbol{a}_j)^2 = \boldsymbol{d}_1^2 ||\boldsymbol{p_{t-1}}||_2^2 \tag{5.14}$$

故有：

$$\frac{||\boldsymbol{p_t}||_2}{||\boldsymbol{p_{t-1}}||_2} \leqslant \cos\left(\frac{\pi}{l_t+1}\right) \tag{5.15}$$

若 $\boldsymbol{p_t}$ 比 $\boldsymbol{p_{t-1}}$ 多一个元素，那么 $\boldsymbol{p_t}$ 可以看作先在 $\boldsymbol{p_{t-1}}$ 后面添一个 0，再与 $\boldsymbol{A_{l_t}}$ 相乘而得。添 0 不改变二范数，所以上式在发生“换基”时也成立。**这是第一次放缩**。

对式 (5.15) 取个对数，并利用 $\ln\cos(x)$ 在 $x \to 0$ 时与 $-x^2/2$ 同阶，得到①：

$$\ln||\boldsymbol{p_t}||_2 - \ln||\boldsymbol{p_{t-1}}||_2 \lesssim -\frac{1}{2}\left(\frac{\pi}{l_t+1}\right)^2 \tag{5.16}$$

再把 $l_t = \lceil\sqrt{t+5}\rceil - 1$ 代进去，忽略取整符号和常数 5，得到：

$$\ln||\boldsymbol{p_t}||_2 - \ln||\boldsymbol{p_{t-1}}||_2 \lesssim -\frac{\pi^2}{2t} \tag{5.17}$$

① $A \lesssim B$ 表示“A 的阶不超过 B”。

求个和，就能得到 $\ln||\boldsymbol{p_t}||_2 \lesssim -\frac{\pi^2}{2}\ln t$，即 $||\boldsymbol{p_t}||_2 \lesssim t^{-\frac{\pi^2}{2}}$。

算了半天 $\boldsymbol{p_t}$ 的二范数，有什么用呢？它跟粒子被吸收的时刻 T 有什么关系？答案是这样：$\boldsymbol{p_t}$ 的一范数，也就是它的所有元素之和，等于粒子到了 t 时刻还没有被吸收的概率，即 $P(T>t)=||\boldsymbol{p_t}||_1$。而一范数和二范数之间有如下关系：

$$1 \leqslant \frac{||\boldsymbol{p_t}||_1}{||\boldsymbol{p_t}||_2} \leqslant \sqrt{l_t} \tag{5.18}$$

其中，左边的等号在 $\boldsymbol{p_t}$ 仅有一个非零元素（分布极端集中）时取得，右边的等号在 $\boldsymbol{p_t}$ 的所有元素都相等（分布极端均匀）时取得。我们在这儿要用右边的不等号来限定 $||\boldsymbol{p_t}||_1$ 的阶：

$$P(T>t)=||\boldsymbol{p_t}||_1 \leqslant \sqrt{l_t}\,||\boldsymbol{p_t}||_2 \lesssim t^{-\frac{\pi^2}{2}+\frac{1}{4}} \tag{5.19}$$

这是第二次放缩。

现在离答案只有一步之遥啦！对式 (5.19) 取个差分，就能得到 $P(T=t) \lesssim t^{-\frac{\pi^2}{2}-\frac{3}{4}}$，而我们要求的 $E(T)=\sum_{t=1}^{\infty} tP(T=t) \lesssim \sum_{t=1}^{\infty} t^{-\frac{\pi^2}{2}+\frac{1}{4}}$。通项的阶数约为 -4.6848，小于 -1，级数收敛，所以**粒子的期望存活时间有限**。

*　　*　　*

本节在分析矩阵与向量相乘的时候，采用了把向量按矩阵的特征向量分解的方法。这种方法称为“**谱分析法**”，“谱”指的就是分解后各特征向量的系数。如果矩阵恰好是循环卷积操作对应的矩阵（即 circulant matrix），则各个特征向量恰好就是傅里叶变换的基，“谱”也就成了大家熟悉的“频谱”。

我在推导过程中使用了两次放缩，求出 $P(T>t)$ 的阶数的上界为 $-\frac{\pi^2}{2}+\frac{1}{4}\approx-4.6848$。我曾经认为两次放缩都恰好没有损失阶数，模拟结果也与这个阶数很接近。但是，知乎网友 Octolet 通过把离散一维游走近似成连续一维扩散，算出 $P(T>t)$ 的阶数其实等于 -4.7201。更细致的模拟发现 $P(T>t)$ 的阶数小于 -4.715，所以 Octolet 的结果很可能是正确的，而在我放缩的过程中，阶数有所损失。

5.6 尾声

到此为止，我们终于证明了阿聪策略的期望收益为 0。证明过程充满了曲折：阿聪的赌局可以化归成带移动吸收壁的一维随机游走，利用谱分析法可以证明该游走的期望持续时间有限。根据这一点，以及赌本随时间线性增长的性质，仿照鞅的停时定理的证明过程，终于能证明期望收益为 0。

然而值得研究的问题还有很多。化归出来的一维随机游走问题具有很强的可推广性。比如，设移动吸收壁的位置为 $y_t=c(t+b)^{\alpha}$，那么当 α,b,c 满足什么条件时，粒子的期望存活时间 $E(T)$ 有限？与我讨论过的同学们普遍认为，$\alpha<1/2$ 时 $E(T)$ 有限，而 $\alpha>1/2$ 时 $E(T)$ 无限。这是因为粒子分布的扩散速度就在 $t^{1/2}$ 这个阶上，而 $E(T)$ 有限与否，取决于粒子的扩散和吸收壁的移动哪个更快。当 α 恰等于 1/2 时，可能存在一个临界值 c_0，当 $c<c_0$ 时 $E(T)$ 有限，$c>c_0$ 时 $E(T)$ 无限，但还没有人能够求出这个临界值。

除了本章提到的随机游走问题，赌博必胜策略本身也还值得研究。尽管直觉告诉我们，期望收益为正的赌博策略不可能存在，但我们确定尚未证明这一点。阿聪等赌徒还怀有侥幸心理，而本章的内容恰好为他们指明了设计必胜策略的方向：必须使得赌本 X_t 与 $P(T=t)$ 乘积的阶数大于等于 -1，以使 $E(X_T)-E(X_t)$ 的上界不收敛到 0。

赌徒的征程尚未结束，不过我决定见好就收了。

CHAPTER 6 第六章　一种错误的洗牌算法，以及乱排常数

6.1　乱排常数的起源

洗牌，或者说随机打乱一个数组中元素的顺序，是编程中的一种常见需求。标准的洗牌算法叫作 Fisher-Yates 洗牌算法，用 JavaScript 语言实现如下：

```
function shuffle(A) {
    for (var i = A.length - 1; i > 0; i--) {
        var j = Math.floor(Math.random() * (i + 1));
        var t = A[i]; A[i] = A[j]; A[j] = t;
    }
}
```

其基本思路是，每次从**未打乱的部分**等可能地选一个元素，并把它与未打乱部分的最后一个元素做交换。

Fisher-Yates 洗牌算法的实现十分简单，并且可以保证**均匀性**，即元素的各种排列顺序出现的概率都相等。也有很多人闭门造车地发明了一些“错误”的洗牌算法实现，这些实现则不能保证均匀。其中最常见的一种错误实现如下：

```
function shuffle(A) {
```

```
    for (var i = 0; i < A.length; i++) {
        var j = Math.floor(Math.random() * A.length);
        var t = A[i]; A[i] = A[j]; A[j] = t;
    }
}
```

其原理是，在第 i 次循环中，从**所有元素**中等可能地选一个元素，与第 i 个元素交换。可以用如下过程证明这种算法的错误：对于一个长度为 n 的数组，算法创造了 n^n 个等可能的基本事件，这些事件对应于 $n!$ 种排列顺序。在非平凡情况下，n^n 不能被 $n!$ 整除，所以各种排列顺序不可能等概率出现。

知乎网友 Lucas HC 指出了另一种错误的洗牌算法，其简短令人惊叹：

```
A.sort(function() {
    return .5 - Math.random();
});
```

该算法的原理是这样的：JavaScript 中数组自带的`sort`方法允许提供一个比较器，其返回值的正负号代表两个元素的大小关系。在上面的代码中，比较器返回的是 -0.5 和 0.5 之间的一个随机数，也就是说每次比较的结果是随机且均匀的。但是，基于随机比较的整个洗牌算法并不均匀：它的各种运行结果出现的概率都形如 2^{-m}（m 为算法执行过程中的比较次数），而我们希望每种顺序的概率都是 $(n!)^{-1}$，在非平凡情况下，后者不能由前者通过加法组合出来。Lucas HC 指出，当`sort`函数采用**插入排序**的实现方式时，**各个元素都有较大的概率留在初始位置**，他还通过统计多次运行的结果对此结论进行了验证。

如果你不熟悉编程，我可以用大白话把 Lucas HC 指出的错误算法的流程叙述一下，设想有 n 个人依次来到一个队伍。每个人到来之后，都想向前插队，但前面每一个人放他过去的概率都是 1/2。最终队伍的状态就是洗牌结果。如图 6.1所示，5 号人插到了 3 号位置。这个事件要发生，需要队尾的 2 个人放他过去，而 2 号人不放他过去，故此时队伍状态出现的概率为 1/8。

图 6.1　关于 Lucas HC 错误算法的举例

我对这种算法的结果分布感到好奇，于是计算了一下洗牌后各个元素落在各个位置的概率。用 $p_{i,j}^{(n)}$ 表示总共有 n 个元素时，第 i 个元素洗牌后落在第 j 个位置的概率（这里 i,j 的范围为 1 到 n）。给定 n，各个 $p_{i,j}^{(n)}$ 可以排成一个 n 阶矩阵，记作 $\boldsymbol{P}^{(n)}$。这个矩阵中的各元素可以用递推法计算，计算规则如下。

- 当 $n=1$ 时，显然有 $p_{1,1}^{(1)}=1$。
- 当 $n>1$ 时，分两种情况。
  - 首先考虑 n 号元素。它有 1/2 的概率停在 n 号位置，有 1/4 的概率向前插一位停在 $n-1$ 号位置，有 1/8 的概率向前插两位停在 $n-2$ 号位置……一般地，若 n 号元素要停在 j 号位置（$2 \leqslant j \leqslant n$），就需要越过 $n-j$ 个元素，并被 $j-1$ 号位置的元素挡住，故概率为 $p_{n,j}^{(n)}=2^{-(n-j+1)}$。注意，停在 1 号位置的概率跟停在 2 号位置的概率相同，都是 $2^{-(n-1)}$，即 $p_{n,1}^{(n)} = P_{n,2}^{(n)} = 2^{-(n-1)}$。

– 然后考虑 i（$1 \leqslant i < n$）号元素。它落在 j 号位置有两种可能。

  * 在前 $n-1$ 个元素洗牌完毕后，i 号元素就已经落在 j 号位置，并且 n 号元素没能越过它。这种情况的概率为 $p_{i,j}^{(n-1)} \cdot [1-2^{-(n-j)}]$；
  * 在前 $n-1$ 个元素洗牌完毕后，i 号元素落在 $j-1$ 号位置，但 n 号元素越过了它，使它后移到了 j 号位置。这种情况的概率为 $p_{i,j-1}^{(n-1)} \cdot 2^{-(n-j+1)}$。

于是有递推式：$p_{i,j}^{(n)} = p_{i,j}^{(n-1)} \cdot [1-2^{-(n-j)}] + p_{i,j-1}^{(n-1)} \cdot 2^{-(n-j+1)}$。

上面的递推式用 Matlab 可以实现为如下计算过程，其中使用了大量的矩阵运算，看不懂不必强求。

```
N = 100;
P = cell(1, N);
P{1} = 1;
for n = 2:N
    x = 0.5 .^ [n-1:-1:1];
    P{n} = zeros(n, n);
    P{n}(1:n-1, 1:n-1) = bsxfun(@times, P{n-1}, 1 - x);
    P{n}(1:n-1, 2:n) = P{n}(1:n-1, 2:n) + bsxfun(@times, P{n-1}, x);
    P{n}(n, 1) = x(1);
    P{n}(n, 2:n) = x;
end
```

上述代码算出的 $\boldsymbol{P}^{(10)}$ 如图 6.2所示。其中左图直接显示了整个矩阵，颜色深浅表示概率大小；右图则是画出了矩阵的每一行，即每个元素最终位置的分布。

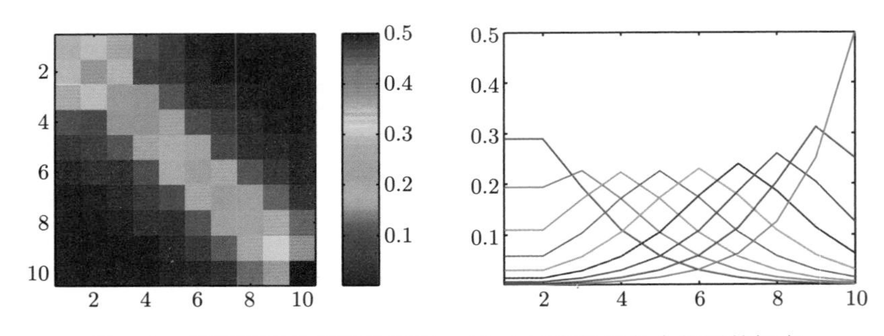

图 6.2　使用错误的算法洗牌后，10 个元素位于各个位置的概率

Lucas HC 的结论是 $\boldsymbol{P}^{(n)}$ 的对角线元素会显著大于 $1/n$。图 6.2说明，$\boldsymbol{P}^{(10)}$ 的对角线元素都大于 0.2，印证了这个结论。从图 6.2 中还能看出另外 2 个事实：

- $\boldsymbol{P}^{(n)}$ 是对称的，即 i 号元素落在 j 号位置的概率，等于 j 号元素落在 i 号位置的概率；
- $\boldsymbol{P}^{(n)}$ 的前两行元素、前两列元素分别相等，也就是说 1、2 号元素的地位相同，1、2 号位置的地位也相同。

把 n 增大，可以发现一些更有趣的事情。例如，图 6.3画出的是 $\boldsymbol{P}^{(30)}$。

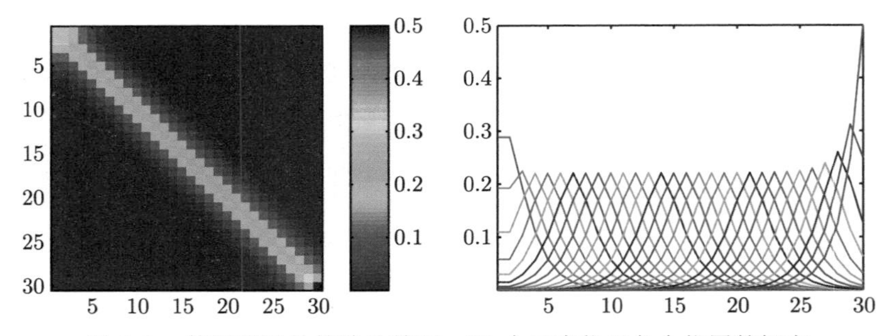

图 6.3　使用错误的算法洗牌后，30 个元素位于各个位置的概率

从左图可以看到，矩阵中元素沿垂直于对角线的方向迅速衰减，所以“洗牌”后各个元素都倾向于留在初始位置或其附近。而右图则

说明，除了开头和结尾几个元素，其余每个元素的最终位置分布曲线的形状几乎是一样的，它们的最大值（即留在原位的概率）都比 0.2 大一点，且这个值似乎与 n 无关！

在 Matlab 中执行`format long`命令，可以让计算结果保留 15 位有效数字。用此方法可以观察到，处在 $\boldsymbol{P}^{(n)}$ 的对角线中部的元素趋向于一个常数 C，它约等于 0.220643036096533。$\boldsymbol{P}^{(n)}$ 的绝大多数对角元都只比常数 C 大一丁点儿，如果非要在矮子里面再挑矮子，那么最小的对角元大约出现在第 $\sqrt{n}$ 个位置。比如当 $n=64$ 时，15 位有效数字就已经无法区分 $p_{8,8}^{(64)}$ 与常数 C 了。

网上并没有找到对常数 $C \approx 0.220643036096533$ 的讨论，所以我就暂且给它起个名字，叫“乱排常数”。这个常数是有理数还是无理数呢？它有什么样的数学表达式？这些有趣的问题，留到下一节中讨论。

6.2 乱排常数的推导

上一节说到，用插入排序 + 随机比较实现洗牌算法，其结果是不均匀的，各个元素留在原位的概率比较大。当元素个数较多时，除了开头和结尾几个元素，每个元素留在原位的概率都趋于一个常数 $C \approx 0.220643036096533$，我称之为“乱排常数”。这一节就来试着找一下这个常数的表达式。

既然这个常数是在元素很多的时候才表现出来的，而且只适用于除开头、结尾外的元素，那我们索性就考虑元素无穷多的情况，这也是对元素有限多的情形取极限。“乱排常数”指的是元素无穷多时，每个元素留在原位的概率。

我们通过一个例子来看一下一个元素是怎么留在原位的。首先，队伍里有一群路人（用台球中的白球表示）：

然后，我们关注的那个人（8 号球）来到了队尾：

他向前插队，假设越过了 2 个人：

然后，队尾来了新人（1 号球）：

他也向前插队，但并没有越过“黑 8”：

然后又有新人（2 号球）来了，并且一下子向前越了好远：

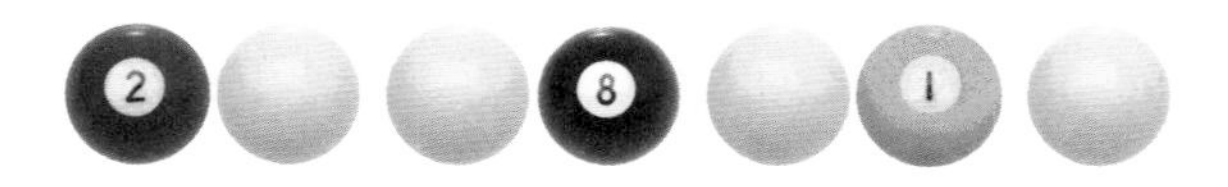

下一个新人（3 号球）乖乖地排在了队尾：

然后又有一个新人（4 号球）插到了“黑 8”前面：

此时，“黑 8”回到了原位，之后的新人都不可以再插到它前面，因为一旦这样，“黑 8”就回不到原位了。

总结一下，每一个元素都可能经历前进、后退的过程，“前进”是自己插队的结果，“后退”是后来者插队的结果。若要留在原位，前进和后退的步数必须相等。所以计算一个元素留在原位的概率，要对前进和后退的步数分情况讨论。

*　*　*

先考虑最简单的情况：前进和后退的步数都是 0。在这种情况下，我们关注的元素（黑 8）本身不能向前插队，其概率为 1/2。同时，后面的每个元素也都不能插到它前面。后面的第 1 个元素（1 号球）不插到“黑 8”前面的概率是 1/2。2 号球到来时，它与“黑 8”之间已经有了 1 号球，所以它不插到“黑 8”前面的概率就是 $1-1/4=3/4$。3 号球到来时，它与“黑 8”之间已经有了 2 个球，所以它不插到“黑 8”前面的概率是 $1-1/8=7/8$。以此类推，n 号球到来时，它不插到“黑 8”前面的概率是 $1-2^{-n}$。由此，在“黑 8”留在原位的各种情况中，前进和后退步数均为 0 的概率就是：

$$P_0=\frac{1}{2}\cdot\frac{1}{2}\cdot\frac{3}{4}\cdot\frac{7}{8}\cdot\ \cdots=\frac{1}{2}\cdot\prod_{i=1}^{\infty}(1-2^{-i}) \tag{6.1}$$

这个连乘式是收敛的，并且收敛得很快，但是它的结果却无法简单地写出来。不过我们不怕——遇到这种算不出的级数，就把它的结果定义成一种特殊函数嘛！这种特殊函数叫 **q-Pochhammer 符号**，它的一般定义是：

$$(a;q)_n = \prod_{i=0}^{n-1}(1-aq^i) \tag{6.2}$$

其中的 n 也可以取无穷，此时连乘式有无限项。q-Pochhammer 符号的水很深，你只需要知道它的定义就好。有了 q-Pochhammer 符号，式 (6.1) 就可以简单地写成 $P_0 = 1/2 \cdot (1/2;1/2)_\infty$。

* * *

下面看稍微复杂一点的情况：前进和后退的步数均为 1。首先，前进步数为 1 的概率为 1/4：前面第一个路人要放“黑 8”过去，但第二个路人不放。之后“黑 8”若要后退 1 步，则需要有且仅有 1 个新人插到它前面。设这个新人是 j 号球，在它之前的任意一个 i 号球，刚来时与“黑 8”之间都有 i 个球（$i-1$ 个有编号的球和 1 个路人），所以这个 i 号球不插过“黑 8”的概率是 $1-2^{-(i+1)}$。然后 j 号球来了，它与“黑 8”之间有 j 个球，它插过“黑 8”的概率是 $2^{-(j+1)}$。j 号球之后的任意一个 i 号球，刚来时与“黑 8”之间都只有 $i-1$ 个球了（少了 j 号球），所以它不插过“黑 8”的概率是 $1-2^{-i}$。把与“后退”有关的这些概率乘起来，是这样的：

$$\left[\prod_{i=1}^{j-1}(1-2^{-(i+1)})\right] \cdot 2^{-(j+1)} \cdot \left[\prod_{i=j+1}^{\infty}(1-2^{-i})\right] \tag{6.3}$$

式 (6.3) 看起来非常复杂，但可以注意到，前后两个连乘式其实可以连成一个，变得与 j 无关：

$$2^{-(j+1)} \cdot \prod_{i=2}^{\infty}(1-2^{-i}) \tag{6.4}$$

“前进和后退的步数均为 1”的概率，就应该是式 (6.4) 对所有的 j 求和，再乘上与“前进”有关的概率 1/4：

$$P_1 = \frac{1}{4} \cdot \sum_{j=1}^{\infty} 2^{-(j+1)} \cdot \prod_{i=2}^{\infty} (1 - 2^{-i}) \tag{6.5}$$

容易算出中间那个求和式的值是 1/2。后面的连乘式我们暂时保留，故

$$P_1 = \frac{1}{8} \cdot \prod_{i=2}^{\infty} (1 - 2^{-i}) \tag{6.6}$$

*　　*　　*

下面计算“前进和后退步数均为 2”的概率 P_2。设后来插到“黑 8”前面的分别是 j_1, j_2 号球。仿照上一节，可以按如下方式计算 P_2，各项的含义请读者自行思考，不再赘述。

$$\begin{aligned} P_2 =& \frac{1}{8} \cdot \sum_{j_1=1}^{\infty} \sum_{j_2=j_1+1}^{\infty} \left[\prod_{i=1}^{j_1-1} (1 - 2^{-(i+2)}) \cdot 2^{-(j_1+2)} \right. \\ & \left. \cdot \prod_{i=j_1+1}^{j_2-1} (1 - 2^{-(i+1)}) \cdot 2^{-(j_2+1)} \cdot \prod_{i=j_2+1}^{\infty} (1 - 2^{-i}) \right] \end{aligned} \tag{6.7}$$

类似地，括号中的三个连乘式也可以连起来并提到求和符号外面：

$$P_2 = \frac{1}{8} \cdot \left[\sum_{j_1=1}^{\infty} 2^{-(j_1+2)} \cdot \sum_{j_2=j_1+1}^{\infty} 2^{-(j_2+1)} \right] \cdot \prod_{i=3}^{\infty} (1 - 2^{-i}) \tag{6.8}$$

括号中的连加和计算如下：

$$\begin{aligned} \sum_{j_1=1}^{\infty} 2^{-(j_1+2)} \cdot \sum_{j_2=j_1+1}^{\infty} 2^{-(j_2+1)} &= \sum_{j_1=1}^{\infty} 2^{-(j_1+2)} \cdot \frac{2^{-(j_1+2)}}{1 - 1/2} \\ &= \frac{1}{1 - 1/2} \cdot \sum_{j_1=1}^{\infty} 2^{-2(j_1+2)} \\ &= \frac{1}{1 - 1/2} \cdot \frac{1}{1 - 1/4} \cdot \frac{1}{2^6} \end{aligned} \tag{6.9}$$

把式 (6.9) 代回式 (6.8) 可得：

$$P_2 = 2^{-9} \cdot \frac{\prod_{i=3}^{\infty}(1-2^{-i})}{\prod_{i=1}^{2}(1-2^{-i})} \tag{6.10}$$

*　*　*

由上面的计算已经可以看出一些端倪了。“前进与后退步数均为 k”的概率 P_k 的通项为：

$$P_k = 2^{-(k+1)^2} \cdot \frac{\prod_{i=k+1}^{\infty}(1-2^{-i})}{\prod_{i=1}^{k}(1-2^{-i})} \tag{6.11}$$

而乱排常数就是对 P_k 再求和：

$$C = \sum_{k=0}^{\infty} P_k = \sum_{k=0}^{\infty}\left[2^{-(k+1)^2} \cdot \frac{\prod_{i=k+1}^{\infty}(1-2^{-i})}{\prod_{i=1}^{k}(1-2^{-i})}\right] \tag{6.12}$$

这就是乱排常数的数学表达式。看起来很复杂吧？我们来稍微化简一下。对中括号里那个分式的分子和分母同乘以分母，可以让分子与 k 无关，从而提到求和符号外面：

$$C = \prod_{i=1}^{\infty}(1-2^{-i}) \cdot \sum_{k=0}^{\infty} \frac{2^{-(k+1)^2}}{\prod_{i=1}^{k}(1-2^{-i})^2} \tag{6.13}$$

采用 q-Pochhammer 符号，可以进一步把上式简记为：

$$C = (1/2;1/2)_{\infty} \cdot \sum_{k=0}^{\infty} \frac{2^{-(k+1)^2}}{(1/2;1/2)_k^2} \tag{6.14}$$

观察一下这个求和式：其分母快速趋于一个固定的极限，而分子急剧减小，所以求和式收敛很快。借助编程不难验证，上式给出的常数确实约等于 0.220643036096533。

* * *

——这个式子还是好复杂啊，能不能再化简？

——且听下回分解。

6.3 乱排常数的简洁形式

6.1 节说到，用插入排序 + 随机比较实现洗牌，在元素较多时，每个元素留在原位的概率趋于一个常数 $C \approx 0.220643036096533$，我称之为“乱排常数”；6.2 节为这个常数找到了一个略复杂的数学表达式，即式 (6.13)，并利用 q-Pochhammer 符号略微化简了这个式子，见式 (6.14)。但依然显得复杂。

这个“乱排常数”虽然很难在网上搜到，但也不是一点儿蛛丝马迹没有。比如图 6.4中的斯洛文尼亚语的“数值方法”课习题解答，里面奇妙地出现了乱排常数：

看不懂斯洛文尼亚语没关系，只要能看懂里面的数学式子就行了。题目里提出了一个递推关系 $I_n = 2^{-n} \cdot (1 - I_{n+1})$，然后从 $I_{11} = 0$ 开始逆推，结果发现 I_2 恰等于乱排常数。

等等！如果乱排常数真能这样推出来，岂不是说明它是一个**有理数**！而且为什么要从 I_{11} 开始推？这个初始下标也太神奇了……

原来，不管从哪一项为零开始推，只要初始项的下标足够大，推到 I_2 都能得到乱排常数。把 I_2 的递推式反复展开，就能看明白是怎么回事了：

$$
\begin{aligned}
I_2 &= 2^{-2} \cdot (1 - I_3) \\
&= 2^{-2} - 2^{-2} \cdot 2^{-3} \cdot (1 - I_4) \\
&= 2^{-2} - 2^{-5} + 2^{-5} \cdot 2^{-4} \cdot (1 - I_5) \\
&= 2^{-2} - 2^{-5} + 2^{-9} - 2^{-9} \cdot 2^{-5} \cdot (1 - I_6) \\
&= \dots \\
&= 2^{-2} - 2^{-5} + 2^{-9} - 2^{-14} + 2^{-20} - 2^{-27} + \cdots
\end{aligned}
\tag{6.15}
$$

3. Rekurzija

$$I_{n+1} = 1 - 2^n I_n$$

ima z začetnim členom $I_0 \approx 0.610322\ldots$ posebno padajočo rešitev. Kako izračunaš deset členov tega zaporedja?

Ker členi homogene enačbe naraščajo, moramo računati člene padajoče rešitve nazaj. Vzemimo za $I_{11} = 0$ s čimer dobimo z rekurzijo

$$I_n = \frac{1 - I_{n+1}}{2^n}$$

naslednje rezultate $I_{10} = 0.0009766$, $I_9 = 0.0019512$, $I_8 = 0.003898628$, $I_7 = 0.00778204$, $I_6 = 0.0155034056$, $I_5 = 0.03076552$, $I_4 = 0.060577155$, $I_3 = 0.117427856$, $\boxed{I_2 = 0.220643036,}$ $I_1 = 0.389678482$, $I_0 = 0.610321518$. Zadnji izračunani člen (prvi člen padajočega zaporedja) je izračunan na 9 decimalnih mest natančno.

图 6.4　斯洛文尼亚语习题解答节选

原来，I_2 是一个级数和，初始取哪一项为零，只是控制了级数截断的位置。如果不截断，得到的是一个无穷级数：

$$\sum_{k=1}^{\infty}(-1)^{k-1} \cdot 2^{-k(k+3)/2} \tag{6.16}$$

我用 Python 进行了高精度计算，发现这个级数和的前 100 位有效数字都与乱排常数相同，所以这应该就是乱排常数的另一种表达式了，它比 6.2 节找到的表达式更简洁。

根据式 (6.15) 的最后一步，可以把乱排常数写成二进制的形式：

$$C = 0.00\,111\,0000\,11111\,000000\,1111111\,\ldots \tag{6.17}$$

这个形式应该是最容易记忆的。其规律是：小数点后 2 个 0，3 个 1，4 个 0，5 个 1，6 个 0，7 个 1……这也能说明，乱排常数确实是个**无理数**。

6.4 乱排常数的几个推广

还可以对乱排常数稍做推广。比如，假设每个元素插队成功的概率不是 1/2，而是一个一般的值 $q \in (0,1)$，那么每个元素最终留在原位的概率 $C(q)$（现在不是常数了）是怎样的呢？

仿照式 (6.7)，可以列出“黑 8”先前进 k 步、再后退 k 步的概率的表达式，见式 (6.18)。其中 $j_1, j_2, \cdots, j_k$ 代表插到“黑 8”前面的球的编号，各项的含义仍请读者自行思考。一个有趣的事实是，等式右边开头并不是 $k+1$ 个 q 相乘，而是 k 个 q 再乘以一个 $1-q$，这个 $1-q$ 代表前进过程中最后一步被挡住的概率。当 $q = 1/2$ 时，q 与 $1-q$ 的区别就被掩盖了。

$$\begin{aligned} P_k(q) = q^k(1-q) \cdot \sum_{j_1=1}^{\infty} \sum_{j_2=j_1+1}^{\infty} \cdots \sum_{j_k=j_{k-1}+1}^{\infty} \\ \left[\prod_{i=1}^{j_1-1} (1-q^{i+k}) \cdot q^{j_1+k} \cdot \prod_{i=j_1+1}^{j_2-1} (1-q^{i+k-1}) \cdot \right. \\ \left. q^{j_2+k-1} \cdot \ \cdots \ \cdot \prod_{i=j_k+1}^{\infty} (1-q^i) \right] \end{aligned} \tag{6.18}$$

同样仿照式 (6.7) 的化简过程，可以将式 (6.18) 化简为：

$$P_k(q) = q^{k(k+2)} \cdot (1-q) \cdot \frac{\prod_{i=k+1}^{\infty}(1-q^i)}{\prod_{i=1}^{k}(1-q^i)} = q^{k(k+2)} \cdot (1-q) \cdot \frac{(q;q)_\infty}{(q;q)_k^2} \tag{6.19}$$

$C(q)$ 就是对上式再求和：

$$C(q) = (1-q) \cdot (q;q)_\infty \cdot \sum_{k=0}^{\infty} \frac{q^{k(k+2)}}{(q;q)_k^2} \tag{6.20}$$

这是 $C(q)$ 的复杂表达式。在 6.3 节中我们发现，乱排常数即 $C(1/2)$ 在二进制下的形式非常有规律。这启发我们：$C(q)$ 在 $1/q$ 进制下的形式很可能也有规律。进行高精度计算后发现：

- $C(1/3)$ 在三进制下的表示为

$$0.1\,01\,221\,0001\,22221\,000001\,2222221\,\ldots$$

- $C(1/4)$ 在四进制下的表示为

$$0.2\,01\,332\,0001\,33332\,000001\,3333332\,\ldots$$

- $C(1/5)$ 在五进制下的表示为

$$0.3\,01\,443\,0001\,44443\,000001\,4444443\,\ldots$$

如果允许数字的各位出现负数，并用 $\bar{2}$ 表示 -2，则可以发现，$C(q)$ 在 $1/q$ 进制下永远可以表示成：

$$1.\bar{2}\,02\,00\bar{2}\,0002\,0000\bar{2}\,000002\,000000\bar{2}\,\ldots$$

于是我们就找到了 $C(q)$ 的简洁表达式：

$$C(q) = 1 - 2q + 2q^3 - 2q^6 + 2q^{10} - 2q^{15} + 2q^{21} - 2q^{28} + \cdots = 1 + 2 \cdot \sum_{k=1}^{\infty}(-1)^k \cdot q^{k(k+1)/2} \tag{6.21}$$

与乱排常数 $C(1/2)$ 的级数展开式 (6.15) 对比可以发现，$q=1/2$ 同样掩盖了一些规律：$1-2q$ 这部分抵消了；后面的项的系数 2 可以乘到 q 的幂上，让指数减小 1。

*　　*　　*

乱排常数还可以继续推广：设每个元素插队成功的概率为 q，那么每个元素最终位置比最初位置提前 d 个位置的概率 $C(q,d)$ 是怎样的呢？

这仍然可以仿照式 (6.7)、式 (6.18) 两式来计算。设 $P_{k,l}(q)$ 为"黑 8"前进 k 步、后退 l 步的概率，则它等于：

$$P_{k,l}(q)=q^k\cdot(1-q)\cdot\sum_{j_1=1}^{\infty}\sum_{j_2=j_1+1}^{\infty}\cdots\sum_{j_l=j_{l-1}+1}^{\infty}\left[\prod_{i=1}^{j_1-1}(1-q^{i+k})\cdot q^{j_1+k}\cdot\prod_{i=j_1+1}^{j_2-1}(1-q^{i+k-1})\cdot q^{j_2+k-1}\cdot\ \cdots\ \cdot\prod_{i=j_l+1}^{\infty}(1-q^{i+k-l})\right] \tag{6.22}$$

可以看到，前进的步数 k 决定了 q 的各个指数，而后退的步数 l 决定了求和符号与连乘号的个数。上式化简后有：

$$\begin{aligned}P_{k,l}(q)&=q^{(k+1)(l+1)-1}\cdot(1-q)\cdot\frac{\prod\limits_{i=k+1}^{\infty}(1-q^i)}{\prod\limits_{i=1}^{l}(1-q^i)}\\&=q^{(k+1)(l+1)-1}\cdot(1-q)\cdot\frac{(q;q)_\infty}{(q;q)_k\cdot(q;q)_l}\end{aligned} \tag{6.23}$$

不难看出 $P_{k,l}(q)=P_{l,k}(q)$。设 $d\geqslant 0$，则每个元素最终前进了 d 个位置的概率 $C(q,d)=\sum_{k=0}^{\infty}P_{k+d,k}(q)$，而最终后退了 d 个位置的概

率 $C(q,-d)=\sum_{k=0}^{\infty}P_{k,k+d}(q)$。这两个求和式都等于：

$$C(q,d)=C(q,-d)=(1-q)\cdot(q;q)_{\infty}\cdot\sum_{k=0}^{\infty}\frac{q^{(k+1)(k+d+1)-1}}{(q;q)_k\cdot(q;q)_{k+d}} \quad (6.24)$$

这是 $C(q,d)$ 的复杂表达式。为了寻找 $C(q,d)$ 的简洁表达式，我计算了 $q=0.1$ 时的若干个 $C(q,d)$ 值，因为在十进制下就能看出规律。以下列举几个 $C(q,d)$：

$$\begin{aligned}
C(0.1,0)&=0.8\,01\,998\,0001\,99998\,000001\,9999998\ldots\\
C(0.1,1)&=0.0\,89\,010\,9989\,00010\,999989\,0000010\,99999989\ldots\\
C(0.1,2)&=0.00\,899\,0100\,99899\,000100\,9999899\,00000100\\
&\quad\ 999999899\ldots\\
C(0.1,3)&=0.000\,8999\,01000\,998999\,0001000\,99998999\,000001000\\
&\quad\ 9999998999\ldots\\
C(0.1,4)&=0.0000\,89999\,010000\,9989999\,00010000\,999989999\\
&\quad\ 0000010000\,99999989999\ldots
\end{aligned}$$

用 $\bar{1}$、$\bar{2}$ 代表数位上的 -1、-2，则上面的数值可以改写成：

$$\begin{aligned}
C(0.1,0)&=1.\,\bar{2}\,02\,00\bar{2}\,0002\,0000\bar{2}\,000002\,000000\bar{2}\ldots\\
C(0.1,1)&=0.1\,\bar{1}\bar{1}\,011\,00\bar{1}\bar{1}\,00011\,0000\bar{1}\bar{1}\,0000011\,000000\bar{1}\bar{1}\ldots\\
C(0.1,2)&=0.01\,\bar{1}0\bar{1}\,0101\,00\bar{1}0\bar{1}\,000101\,0000\bar{1}0\bar{1}\,00000101\\
&\quad\ 000000\bar{1}0\bar{1}\ldots\\
C(0.1,3)&=0.001\,\bar{1}00\bar{1}\,01001\,00\bar{1}00\bar{1}\,0001001\\
&\quad\ 0000\bar{1}00\bar{1}\,000001001\,000000\bar{1}00\bar{1}\ldots\\
C(0.1,4)&=0.0001\,\bar{1}000\bar{1}\,010001\,00\bar{1}000\bar{1}\,00010001\\
&\quad\ 0000\bar{1}000\bar{1}\,0000010001\,000000\bar{1}000\bar{1}\ldots
\end{aligned}$$

由此能归纳出 $C(q,d)$ 的简单表达式：

$$C(q,d) = -1 + (1+q^d) \cdot \sum_{k=0}^{\infty} (-1)^k \cdot q^{k(k+2d+1)/2} \tag{6.25}$$

巧的是，这个表达式对于 d 取正、负、零的情况都适用。另外对比式 (6.21) 和式 (6.25) 可以发现，$d=0$ 同样掩盖了一些信息：$1+q^d$ 这一项变成了 2。

* * *

对于乱排常数 C 和它的两种推广 $C(q)$、$C(q,d)$，我们通过计算并观察的方法归纳出了它们的简洁表达式（(6.16)、(6.21)、(6.25)），但没有证明。知乎网友刘奔给出了一个证明，可惜现在已经无法访问了。刘奔的证明过程利用了“Jacobi 三重积恒等式”。这个恒等式的日文维基页面上有一个证明，但步骤较繁杂；意大利语维基页面上有一个步骤比较简洁的证明，但我怀疑跳步很严重。所有这些证明都有一个特点，就是依赖于一步“神来之笔”，因为我不知道这步是怎么想出来的，所以启发性也就有限了。

一个仍值得思考的开放性问题是：能否在插队模型中，直接解释 C、$C(q)$、$C(q,d)$ 简洁表达式中求和式每一项的意义？

CHAPTER 7 第七章 用位运算速解 n 皇后问题

“八皇后”是入门编程时的一道经典例题：在一个 8×8 的棋盘上放置 8 个皇后，要求任意 2 个皇后不能位于同一行、同一列，或同一条 45 度斜线上（图 7.1所示为此问题的一个解）。问：一共有多少种放法？当然，这里的 8 也可以推广到一般的正整数 n。

图 7.1 “八皇后”问题的一个解（图片来自维基百科）

n 皇后问题一般采用枚举法求解。不过，不同程序在枚举时的效率存在巨大的差别。这一章就来介绍提高枚举效率的窍门，其中最主要的诀窍是**位运算**。本章一共会展示 n 皇后问题的五种解法，其中最快的会比最慢的快 20 多倍。

本章中提到的程序采用 Python 语言编写，可以在几十秒甚至几秒的时间内枚举出 13 个皇后的放法种数（73 712）。这些程序都可以在我的 GitHub[①]主页上获得。另外，GitHub 上还有 Java 语言版本，在类似的时间内它可以解决 15 皇后问题（共有 2 279 184 种放法）。

7.1　解法一：步步回眸

这是最基本的深度优先搜索（DFS, depth first search）解法，也称为回溯法。这种解法用一个数组`sol`记录每一行的皇后都放在哪一列，例如`sol[2] == 5`代表第 2 行的皇后放在第 5 列，注意行号和列号都从 0 开始。从上往下依次试探每行的皇后可以放在哪些列；试探一个位置时，要与上方所有已经放好的皇后检查是否冲突。设当前试探的位置为`(row, col)`，而第 i 行已经有一个皇后放置在`(i, sol[i])`。这两个皇后有以下三种冲突的可能。

- 位于同一列（下文也称“竖”）：`col == sol[i]`。
- 位于同一条从右上到左下的斜线（下文简称“撇”）上：`col - sol[i] == row - i`。
- 位于同一条从左上到右下的斜线（下文简称“捺”）上：`col - sol[i] == i - row`。

此解法的完整 Python 程序如下：

```
import time

n = 13                                     # 棋盘大小
sol = [0] * n                              # 已放置的皇后的列号
count = 0                                  # 解法总数
```

① 大家可以去图灵社区本书主页获取 GitHub 地址。另外，可直接在本书主页“随书下载”中获取用 Java 语言编写的程序。

```
def DFS(row):                              # 递归函数，试探第 row 行皇后的位置
    global count
    for col in range(n):                   # 依次试探每一列
        # 检查冲突
        ok = True
        for i in range(row):
            if col == sol[i] or col - sol[i] == row - i or col - sol[i] == i - row:
                ok = False
                break
        if not ok:
            continue
        # 检查冲突结束
        if row == n - 1:                   # 已放到最后一行
            count += 1                     # 找到一组解
        else:
            sol[row] = col                 # 记录当前行皇后的位置
            DFS(row + 1)                   # 继续试探下一行


# 主程序
tic = time.time()
DFS(0)                                     # 从第 0 行开始试探
toc = time.time()
print("放法总数: {}".format(count))
print("搜索用时: 秒{}".format(toc - tic))
```

“检查冲突”那一段也可以写成下面这样：

```
if any(col == sol[i] or
       col - sol[i] == row - i or
       col - sol[i] == i - row for i in range(row)): continue
```

这么写其实是更符合 Python 风格的，但实测发现程序这么写会运行得比较慢。

本节所讲的解法一运行得特别慢，解 13 皇后问题需要 89 秒！为

什么会这么慢呢？原因在于，检查冲突时要依次检查上方的每一行，大部分时间会处于搜索树的深处，所以每次检查冲突的复杂度就是 $O(n)$ 了。能不能在递归过程中做一些标记，让检查冲突的复杂度降为 $O(1)$ 呢？能！这就是下一节要讲的解法二。

7.2 解法二：雁过留痕

解法二观察到限制皇后位置的条件的本质其实就是每一“竖”、每一“撇”、每一“捺”上都只能有一个皇后。因此当试探一个位置时，如果能够立即知道它所在的“竖”、“撇”、“捺”是否已被占用，就可以在 $O(1)$ 的时间内检查冲突了。为此，需要在递归调用`DFS(row + 1)`之前，将刚刚放置的皇后所在的竖、撇、捺标记为已占用，并在调用返回之后清除标记。

为了明确地指代每一条竖、撇、捺，需要给它们编号。一种编号方式如图 7.2所示，其中竖一共有 n 条，编号为 0 至 $n-1$，正好跟

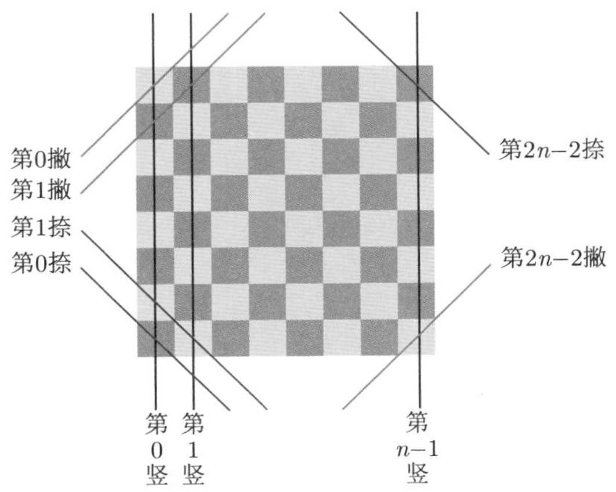

图 7.2 棋盘上竖、撇、捺的编号方式（图片来自维基百科）

列号相同；撇、捺各有 $2n-1$ 条，编号为 0 至 $2n-2$。由行列坐标(row, col)求撇、捺编号的公式如下。

- 撇编号：row + col。
- 捺编号：n - 1 - row + col。

Python 程序如下。为节省篇幅，开头、结尾处次要的语句都省略了，完整程序可参见 GitHub。

```
n = 13
shu = [False] * n                               # 每一竖是否被占用
pie = [False] * (2 * n - 1)                     # 每一撇是否被占用
na = [False] * (2 * n - 1)                      # 每一捺是否被占用
count = 0

def DFS(row):
    global count
    for col in range(n):
        j = row + col; k = n - 1 - row + col    # 当前位置所在的撇、捺编号
        if shu[col] or pie[j] or na[k]:         # 检查冲突
            continue
        if row == n - 1:
            count += 1
        else:
            shu[col] = pie[j] = na[k] = True    # 标记当前竖、撇、捺已被占用
            DFS(row + 1)
            shu[col] = pie[j] = na[k] = False   # 清除标记

DFS(0)
```

利用这个程序解 13 皇后问题只需要 14 秒，比解法一快了很多！

7.3　解法三：以一当百

解法二使用了三个布尔数组（boolean array），以记录每一条竖、撇、捺是否被占用。这很费空间：每一个布尔变量只携带 1 比特的信息，但一般的编程语言会用至少 1 字节的空间来存储一个布尔变量，有的语言甚至会使用 4 字节。能不能真正让一个布尔变量只占用 1 个二进制位呢？这就要用到位运算了。

位运算是定义在整数上的运算。但在做位运算的时候，并不把整数看作整数，而要把它们看成一系列二进制位，逐位进行运算。位运算有 6 种，它们的名称、运算符及运算规则见表 7.1。

表 7.1　位运算一览表

名　称	运 算 符	举　例
与 (and)	`&`	`5 & 6 = 4  (101 & 110 = 100)`
或 (or)	`|`	`5 | 6 = 7  (101 | 110 = 111)`
异或 (xor)	`^`	`5 ^ 6 = 3  (101 ^ 110 = 011)`
取反 (not / complement)	`~`	`~5 = -6    (~00000101 = 11111010)`
左移 (shift left)	`<<`	`5 << 2 = 20 (101 << 2 = 10100)`
右移 (shift right)	`>>`	`5 >> 2 = 1  (101 >> 2 = 1)`

接下来略作说明。

- 与、或、异或都是二元运算符，逐位进行逻辑运算。
- 取反是一元运算符，它对一个整数的所有二进制位都取反。负数在计算中用补码表示，求一个数的相反数的操作是“取反加一”，于是取反本身的效果就是将 x 变成 $-1-x$，无论 x 本身的符号如何。
- 左移时右侧添零顶位，在左侧不溢出的情况下，左移 k 位相当于乘以 2^k（对正数、负数均适用）。

- 右移时右侧移出的位均舍弃，左侧则有两种选择。若一律添零顶位，则称为“逻辑右移”；若重复原数的符号位，则称为“算术右移”。算术右移 k 位等价于除以 2^k 再向下取整（对正数、负数均适用）。在有些语言中，逻辑右移和算术右移有不同的运算符；而另外一些语言则只有`>>`一个运算符，可能是逻辑右移，也可能是算术右移。
- 除取反运算符外，其他运算符（均为二元运算符）可以与赋值运算符`=`构成复合运算符，例如`a &= b`代表`a = a & b`。

有了位运算之后，就可以把一个 32 位整数当作一个长度为 32 的布尔数组使用了。这也是解法三的名称“以一当百”的来源——当然，“百”字在这里算夸张。这种用来代替一个整数的布尔数组，一般被称为 bit array 或 bit vector。对于 n 皇后问题来说，使用 32 位的 bit array 意味着 n 可以达到 16（此时撇、捺各有 31 条）。如果 n 再大怎么办呢？不怕，我们还有 64 位整型嘛！

数组的基本操作，就是“写”和“读”。表 7.2展示了如何在一个名为`a`的 bit array 中读写特定的位。注意，位的编号是从低位开始数的，且从 0 开始，即最低位为第 0 位。

表 7.2 bit array 的读写操作

<table>
<tr><th>操　作</th><th>代　码</th></tr>
<tr><td>把第 i 位置 1</td><td><code>a |= (1 << i)</code></td></tr>
<tr><td>把第 i 位置 0</td><td><code>a &= ~(1 << i)</code></td></tr>
<tr><td>把第 i 位取反</td><td><code>a ^= (1 << i)</code></td></tr>
<tr><td>读取第 i 位的值</td><td><code>(a >> i) & 1</code></td></tr>
</table>

`1 << i`是一个仅有第 i 位为 1、其他位均为 0 的 bit array。它

与a进行或运算，就可以将a的第 i 位置成 1；与a进行异或运算，就可以将a的第 i 位取反。把1 << i取反，可以得到一个仅有第 i 位为 0、其他位均为 1 的 bit array；它与a进行与运算，可以将a的第 i 位清零，而不影响其他位。读取第 i 位的值更自然的写法是(a & (1 << i)) >> i——对1 << i与a进行与运算，可以仅保留a的第 i 位，然后>>i可以把它移到最低位来。容易证明，(a >> i) & 1这种写法与它等价，但更简洁。

将解法二中所有与布尔数组有关的操作都改成用位运算来实现，就可以得到解法三：

```
n = 13
shu = pie = na = 0
count = 0

def DFS(row):
    global count, shu, pie, na
    for col in range(n):
        j = row + col; k = n - 1 - row + col
        if ((shu >> col) | (pie >> j) | (na >> k)) & 1:         # 检查冲突
            continue
        if row == n - 1:
            count += 1
        else:
            shu ^= (1 << col); pie ^= (1 << j); na ^= (1 << k)  # 标记占用
            DFS(row + 1)
            shu ^= (1 << col); pie ^= (1 << j); na ^= (1 << k)  # 清除标记

DFS(0)
```

注意“检查冲突”的那一行——我们要检查的是shu的第col位、pie的第j位、na的第k位是否有任意一者为 1，于是我们就把它们统统右移至最低位再或起来。再看“标记占用”和“清除标记”那两行，它们做的都是相同的异或运算，这是因为我们知道在标记占用时对应的位本来为 0，而清除标记时对应的位本来为 1。

利用这个程序解 13 皇后问题用了 24 秒，反倒比解法二慢了。咦？不是听说位运算快吗？其实是这样：解法三虽然使用了位运算，但只使用了 bit array 的基本读写操作，每次只操作 1 位，所以发挥不出位运算的高效优势。不过，位运算为我们打通了进一步提速的道路，高潮即将到来！

7.4 解法四：弹无虚发

从解法一到解法三，一直有同一个限制效率的因素：在搜索树的深处，能够放皇后的位置其实很少了，但依然要试探每一列。能不能直接得知每一行上还有哪些列能够放置皇后，免去这个枚举的过程呢？位运算恰恰提供了这个可能！

我们来看这个表达式：`a & -a`。它被称为 lowbit 操作，可以提取出`a`中最右边一个 1 的位置。原理如下：

```
 a = 00110100
~a = 11001011
-a = 11001100
a & -a = 00000100
```

`-a`其实是个算术运算，对表 7.1 进行说明时说过，它等于对`a`取反再加 1。观察上面的例子，`~a`的各位均与`a`相反，给`~a`加上 1，会导致一系列进位，使得从最低位开始的一串 1 变成 0，而这一串 1 前面的 0 变成 1。比较`a`与`-a`可以发现，它们有且仅有一位同时为 1，而这个 1 恰好是a中最右边一个 1 的位置，于是a & -a就把这个 1 提取出来了。

lowbit 操作可以用来枚举一个 bit array 中的所有 1：

```
while a != 0:
    p = a & -a
    a ^= p
    ...              # 拿 p 去做该做的事情
```

注意，每枚举一个 1，就要把它从a中清除掉，所以这个枚举过程是具有破坏性的。

回到 n 皇后问题。当试探到第row行时，如果能用一个 bit array 表示出这一行中所有能放置皇后的位置，就可以用上述循环直接枚举出它们，从而跳过那些已经不能放置皇后的位置。显然，shu（竖）这个 bit array 中值为 1 的那些位表示的是不能放皇后的位置。那么pie和na这两个 bit array 对当前行有什么影响呢？注意，第row行的各列对应的撇编号为row至row + n - 1、捺编号为n - 1 - row至2 * n - 2 - row。如果把pie右移row位，把na右移n - 1 - row位，那么它们的最右 n 位中值为 1 的那些位就也不能放置皇后了。把三者或起来再取反：~(shu | (pie >> row) | (na >> (n - 1 - row)))，得到的结果中的最右 n 位就代表了所有能够放置皇后的位置。注意这个结果中，除了最右 n 位以外，剩下的其他位中也会有一些 1，这些 1 是多余的，应当去掉。怎么去掉呢？可以用一个最右 n 位均为 1、其他位为 0 的 bit array 与上述结果进行与运算，其中的 bit array 可以用(1 << n) - 1这个表达式表示出来。

于是得到解法四的程序：

```
n = 13
```

```
shu = pie = na = 0
count = 0

def DFS(row):
    global count, shu, pie, na
    # 当前行还有哪些列能放置皇后
    available = ((1 << n) - 1) & ~(shu | (pie >> row) | (na >> (n - 1 - row)))
    while available:                                            # 枚举可用的列
        p = available & -available
        available ^= p
        if row == n - 1:
            count += 1
        else:
            shu ^= p; pie ^= (p << row); na ^= (p << (n - 1 - row))  # 设置标记
            DFS(row + 1)
            shu ^= p; pie ^= (p << row); na ^= (p << (n - 1 - row))  # 清除标记

DFS(0)
```

注意“枚举可用的列”那部分循环代替了原先解法中“枚举每一列”的循环。这种“弹无虚发”的枚举能够大大提高程序的执行效率。利用解法四解 13 皇后问题用时只需 6.4 秒。若使用 Java 语言，则提速幅度更大：解法三用时 21 秒，解法四则仅用 3 秒！

从数据结构的视角来看，解法四中的 bit array 是一个集合，它可以在 $O(1)$ 时间内完成下列操作：

- 添加、删除元素；
- 使所有元素都增大或减小同一个值；
- 求集合中的最小元素。

需要注意的是，$O(1)$ 的时间复杂度是依赖于计算机指令集，或者说依赖于 CPU 的结构的，这种依赖带来的代价是集合的内容只能

是 $0 \sim 31$ 或 $0 \sim 63$ 的整数。

7.5 解法五：精益求精

既然走的是追求效率的道路，不妨来榨干最后一滴水。解法四的程序中，仍然有一些浪费运算次数的地方：

- 计算当前行中可用列的表达式太长；
- 清除标记的步骤需要使用两次移位运算和三次异或运算。

这两个问题可以这么解决：

- 把shu、pie、na这三个 bit array 由全局变量改成DFS函数的形参，这样就不需要再清除标记了；
- 把pie和na的含义改为"当前行有哪些列所在的撇或捺已被占用"，这样在计算当前行中可用列时就不再需要移位运算了，在递归至下一行时，pie需要右移 1 位——当前行第 3 列所在的撇，是下一行第 2 列所在的撇；同理，na需要左移 1 位。

于是得到解法五的程序：

```
n = 13
count = 0


def DFS(row, shu, pie, na):
    global count
    available = ((1 << n) - 1) & ~(shu | pie | na)        # 当前行还能放置皇后的列
    while available:                                      # 枚举可用的列
        p = available & -available
        available ^= p
        if row == n - 1:
            count += 1
        else:
```

```
        DFS(row + 1, shu | p, (pie | p) >> 1, (na | p) << 1)  # 设置标记并移位

DFS(0, 0, 0, 0)
```

注意主程序调用DFS时要提供shu、pie、na的初值（全为 0）。利用解法五解 13 皇后问题只需要 3.4 秒钟！

7.6 总结

从解法一到解法五，我们总共实现了 20 倍以上的提速。提速来自于下面三项：

- 解法一（步步回眸）到解法二（雁过留痕）通过设置标记，尽量减少在搜索树深处的工作量；
- 解法三（以一当百）到解法四（弹无虚发）跳过不能放置皇后的位置，只枚举可用的位置；
- 解法四（弹无虚发）到解法五（精益求精）减少了位运算次数。

在本章举出的 Python 语言程序中，提速主要来自于第一项；在 Java 语言程序中，提速主要来自于第二项。另外，从解法二（雁过留痕）到解法三（以一当百）虽然没有提速，但是节省了不少空间。

除了提高效率以外，位运算还能缩短程序的长度。从解法一到解法五，无论是 Python 语言还是 Java 语言实现的程序，都呈现出一个比一个短的趋势。关于编程，我有一句座右铭：**更短、更快、更好**。位运算在 n 皇后问题中的应用，体现了前两条。

n 皇后问题的优化方法，不止位运算一种。另一种重要的优化方法是利用对称性进行剪枝。比如，由于棋盘是左右对称的，当 n 为偶数时，第一行可以只试探前 $n/2$ 个位置，最后把解法数乘以 2；当 n

为奇数时，则可以先试探前 $(n-1)/2$ 个位置，把解法数乘以 2，再试探第一行中间的位置。这又可以把效率提高一倍。

关于位运算，我还想说下面几句话。

- 位运算的简洁与高效会带来一个代价，就是程序晦涩难读。因此，实际中的位运算往往只用在比较底层、极端追求效率的场合，一般场合不要滥用。
- 为了解决位运算晦涩难读的问题，有人把本章介绍的运算包装成了`BitArray`类，读、写、lowbit 等操作作为该类的方法。但这种包装在一定程度上与位运算的初衷南辕北辙——类操作导致的额外开销足以抵消位运算带来的效率提升。
- 位运算符与其他运算符的优先级在不同的编程语言中可能不同，甚至可能出现`==`的优先级比位运算符的优先级高的情况。为避免麻烦，建议在书写位运算表达式时，不厌其烦地加括号。

本章的解法五，源自 Matrix67 的博客《位运算简介及实用技巧（三）：进阶篇 (2)》，本章相当于详细解说了想出这种解法的过程。Matrix67 的这一系列博客共有 4 篇，其中介绍了许多位运算相关的技巧，值得一读。可惜的是，在博客改版的过程中，有一些文章被截断，只剩一半了。

CHAPTER 8 第八章　如何不重复地枚举24点算式?

8.1　朴素的枚举法

"24 点"是一个历史悠久的游戏：任取 4 张扑克牌，如何用"加、减、乘、除"运算算出 24？这个游戏除了供人们消遣，还是一道经典的编程入门题，其基本思路是：枚举所有可能的算式，逐个检验结果是否等于 24。

本章我们将忽略"24"，把目光聚焦在"枚举算式"上。换句话说，我们将枚举由 4 个变量 a, b, c, d（也可以推广至 n 个变量）经过四则运算可以组成的所有算式，而不代入具体数值。我们的程序要输出的是 $a+b-c*d$、$a/(b*(c+d))$ 这样的所有算式。

枚举算式的思路有很多，这里我们列举 3 种。

- **不分层枚举**：分别枚举 n 个变量的顺序、$n-1$ 个运算符都是什么，以及加括号的方式。"加括号的方式"表意不太直接，可以用"$n-1$ 个运算符的计算顺序"来代替。这种思路适合用来计算算式的总数：$n! \cdot 4^{n-1} \cdot (n-1)!$，如果真要枚举算式，程序写起来并不方便。
- **自顶向下枚举**：枚举最顶层的运算符，并把所有变量分成两组放在运算符的两边，然后递归地枚举两边的算式。这种做法需要枚举“所有变量的集合”的所有子集，因此写程序也不方便。

- **自底向上枚举**：把每个变量都看作一个算式，每次任取两个算式和一个运算符，组成新算式后放回算式集合，并递归下去，直到集合中只剩一个算式为止。这种思路在递归的每一层中要做的事情是最简单的，所以本章将采用这种思路来枚举算式。

8.1.1 算式的表示方式

在枚举算式之前，我们首先要设计算式的表示方式，最简单的办法是使用字符串。但为了判断需要在哪里加括号，以及避免重复，我们往往需要从算式中提取一些信息，而从字符串中提取这些信息很不方便。于是我们选用**树形结构**来表示算式。一个算式表示为一棵树，树的内部节点为运算符、叶子节点为变量。比如用图 8.1中的树来表示 $a/(b*(c+d))$ 这个算式。

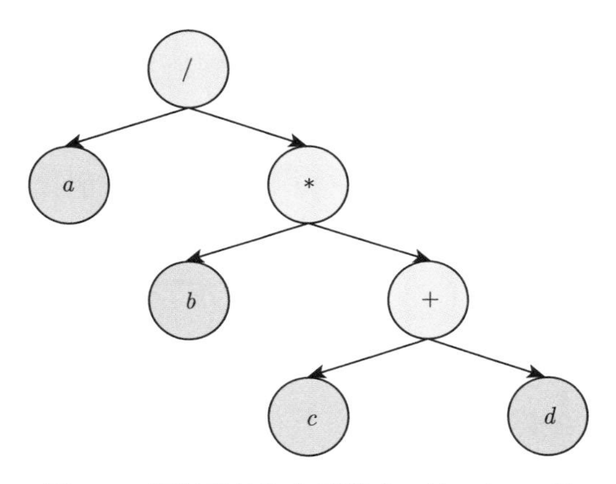

图 8.1 用树形结构表示算式 $a/(b*(c+d))$

树的节点可以用一个类Node来实现，目前它只需要三个属性：一个字符（运算符或者表示变量的字母）、一个左孩子指针、一个右孩子指针。用 Python 语言实现如下：

```
class Node:
    def __init__(self, ch=None, left=None, right=None):
        self.ch = ch
        self.left = left
        self.right = right
```

既然开始设计算式的表示方式了，顺便也可以考虑一下怎么输出一个算式，即怎么把一棵树转换成一个字符串。这同样是一个递归的过程：

- 如果根节点的字符是个字母，那么这棵树仅代表一个变量，只需要输出相应的字母；
- 否则，这棵树代表一个算式，可以将其两棵子树分别转换成字符串后，用根节点的运算符连接起来。

这里有一个比较麻烦的问题，就是对于两棵子树转换成的字符串，可能需要加括号。我们当然可以不分青红皂白地一律加括号，但这样输出的算式读起来会比较困难。最省括号的方法总结如下。

- 如果子树只代表一个变量，那么不加括号。
- 左子树需要加括号的情况为：根的运算符的优先级高于左子树的运算符的优先级，即根的运算符为乘除，左子树的运算符为加减。
- 右子树需要加括号的情况有三种：
  - 根的运算符的优先级高于右子树的运算符的优先级，即根的运算符为乘除，右子树的运算符为加减；

– 根的运算符为减，右子树的运算符为加减；

– 根的运算符为除，右子树的运算符为乘除。

这三种情况可以合并为：根的运算符为除，或者根的运算符为乘减，且右子树的运算符为加减。

由此可以实现Node类的__str__方法，这样就可以通过str(root)把一棵树表示的算式输出了。

```
def __str__(self):
    if self.ch not in '+-*/':
        return self.ch                                  # 单变量不加括号
    left = str(self.left)                               # 左子树转字符串
    right = str(self.right)                             # 右子树转字符串
    if self.ch in '*/' and self.left.ch in '+-':
        left = '(' + left + ')'                         # 左子树加括号
    if self.ch == '/' and self.right.ch in '+-*/' or \
       self.ch in '*-' and self.right.ch in '+-':
        right = '(' + right + ')'                       # 右子树加括号
    return left + ' ' + self.ch + ' ' + right           # 用根节点的运算符相连
```

8.1.2　朴素的枚举算法

下面我们实现 8.1 节开头说的自底向上枚举算法，即每次取两个算式和一个运算符，并把运算结果放回集合。

```
def DFS(trees):                                         # trees 为当前算式列表
    if len(trees) == 1:
        yield str(trees[0])                             # 只剩一个算式，输出
        return
    for i in range(len(trees)):                         # 枚举一棵子树
        for j in range(i + 1, len(trees)):              # 枚举另一棵子树
            for node in actions(trees[i], trees[j]):    # 枚举运算符
                new_trees = [
                    trees[k] for k in range(len(trees)) if k != i and k != j
```

```
            ] + [node]                # 从列表中去掉两棵子树，并加入运算结果
            for expression in DFS(new_trees):       # 递归下去
                yield expression
```

我在输出结果时使用了yield而不是print语句，原因是这样DFS函数将成为一个 generator，方便主程序捕捉到所有算式，并完成“统计个数”等后续工作。actions函数负责接收两棵子树，枚举根节点的运算符，并返回由它们组成的整棵树。由于在DFS函数中，我们限定了 $i < j$，所以actions函数也要枚举输入的两棵子树谁在左、谁在右。

```
def actions(left, right):
    for op in '+-*/':
        yield Node(op, left, right)
        yield Node(op, right, left)
```

我之所以把actions单独写成一个函数，是因为之后的大部分改进都体现在这个函数上。

有了上面这些函数后，就可以通过如下的主程序来输出所有由 4 个变量组成的算式了：

```
n = 4                                          # 变量个数
trees = [Node(chr(97 + i)) for i in range(n)]  # 初始时有 n 个由单变量组成的算式
expressions = list(DFS(trees))
for ex in expressions:
    print(ex)
```

执行len(expressions)可以获得算式的总数，结果是 9216。不难验证，$n! \cdot 4^{n-1} \cdot (n-1)!$ 在 $n = 4$ 时确实等于 9216。

8.1.3 算式重复的统计

用 8.1.2 节的方法枚举出的 9216 个算式中，会出现很多重复，比如算式 $a+b+c+d$ 会出现 6 次。除了严格的重复以外，还会有很多

等价的算式，比如 $b+d+c+a$ 跟 $a+b+c+d$ 就是等价的。我们来统计一下这 9216 个算式中，不重复、不等价的算式各有多少个。

“不重复”很好统计。主程序执行完毕后，expressions列表保存了所有的算式，那么执行len(set(expressions))就可以得到不重复的算式的个数。

“不等价”则困难一些，但我们可以取巧。给所有变量分别代入一个比较大的随机数，这样由不等价的算式算出的结果几乎一定也是不等价的。为了保持精度，我们用 Python 提供的分数类表示中间结果。统计不等价的算式个数的代码如下：

```
from fractions import Fraction
a = Fraction(31415); b = Fraction(92653); c = Fraction(58979); d = Fraction(32384)
print(len(set(eval(ex) for ex in expressions)))
```

至此可以统计出，在 9216 个算式中，不重复的算式有 5856 个，不等价的算式仅有 1170 个。

8.1.4　算式重复的原因

在“24 点”这个应用中，逐个检查重复或等价的算式是否等于 24，纯粹是在浪费时间。所以在枚举算式时，我们希望对于那些重复或等价的算式，仅枚举一个代表。为此，我们需要弄清重复和等价算式产生的原因。（说明：在下文中提到重复时，也包括等价。）

产生重复算式的最明显的原因，是加法和乘法具有**交换律**和**结合律**。比如 $a+b$ 等价于 $b+a$，图 8.2中的两棵树都表示 $a+b+c$。

当加减法混合，或者乘除法混合的时候，有时也会有结合律，比如 $(a+b)-c$ 等价于 $a+(b-c)$。除此之外，减法和除法可以通过**去括号**形成等价的算式，比如 $a-(b+c)$ 等价于 $a-b-c$、$a/(b/c)$ 等

价于 $a/b*c$。

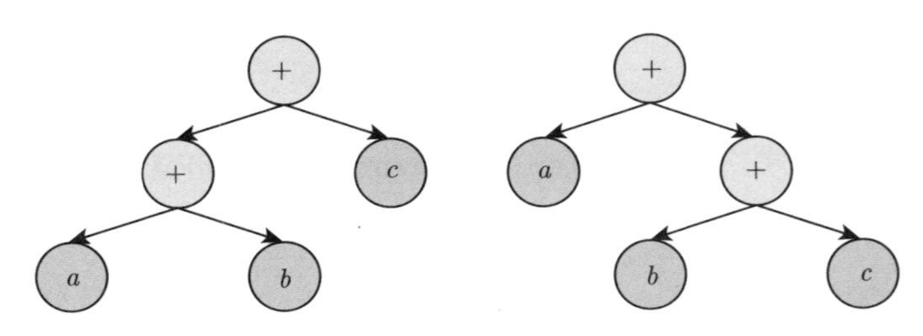

图 8.2　由于结合律，两棵树都表示同一个算式 $a+b+c$

减法还有一个特别烦人的性质，即**交换被减数与减数**（下简称**反转减号**）后，结果与交换之前只差一个负号。因此若在算式中反转了某一个减号，而算式中另外一个地方有一个加号或减号可以配合它变成减号或加号，就可以得到等价算式。比如，$a+(b/(c-d))$ 等价于 $a-(b/(d-c))$，这里最上层的加号变成了减号，以配合 c、d 的交换。另外，若一个单项式中含有多个减号，也可以同时反转两个减号，得到等价算式，比如 $(a-b)*(c-d)$ 等价于 $(b-a)*(d-c)$。之所以说这个性质特别烦人，是因为它的作用范围不是局部的，而是可以影响到树中相距甚远的两个部分。

上面列举的原因，全都与四则运算的性质有关。但除了这些，还有一个是与四则运算性质无关的，仅与运算顺序有关。我们看算式 $(a+b)*(c-d)$：这里面的加法和减法互不依赖，或者可以称之为“独立”的。在递归过程中，有可能第一层计算加法、第二层计算减法，也有可能第一层计算减法、第二层计算加法，但这两条路径到了第三层时都会面临同样的算式集合 $\{a+b,c-d\}$，之后不管进行什么运算，都会得到重复的算式。这种产生重复的原因，可以被概括为**独立运算的顺序不唯一**。

本章的剩下两节就来研究如何避免这五种重复。8.2 节暂时忽略减法与除法，介绍如何避免由**交换律**、**结合律**、**独立运算顺序不唯一**造成的重复；8.3 节重新引入减法与除法，介绍如何进一步避免由**去括号**、**反转减号**造成的重复。

8.2　避免由交换律、结合律、独立运算顺序不唯一造成的重复

本节我们研究如何枚举仅由加法和乘法组成的算式，并避免由交换律、结合律、独立运算顺序不唯一造成的重复。

在电学中，有一个类似的问题：如何枚举 n 个电阻能够组合出的所有阻值？如果不考虑“电桥”这种特殊的电路结构，只考虑串、并联两种结构嵌套而成的电路，那么这个问题的解法就跟本节探讨的问题完全一样。因为串、并联两种结构可以类比成加法、乘法两种运算，虽然具体的运算法则不同，但它们都满足交换律、结合律。

8.2.1　避免由“交换律”造成的重复

交换律造成的重复是最容易避免的。回顾 8.1 节中的actions函数，它接收两棵子树，并枚举根节点的运算符（在此仅保留加法与乘法），返回所有可能的组合：

```
def actions(left, right):
    for op in '+*':
        yield Node(op, left, right)
        yield Node(op, right, left)
```

既然加法和乘法具有交换律，那么就不必考虑两棵子树谁在左、谁在右了：

```
def actions(left, right):
    for op in '+*':
        yield Node(op, left, right)
```

喏，就是这么简单！

8.2.2 避免由“结合律”造成的重复

由于结合律的存在，图 8.3中的树都是等价的。

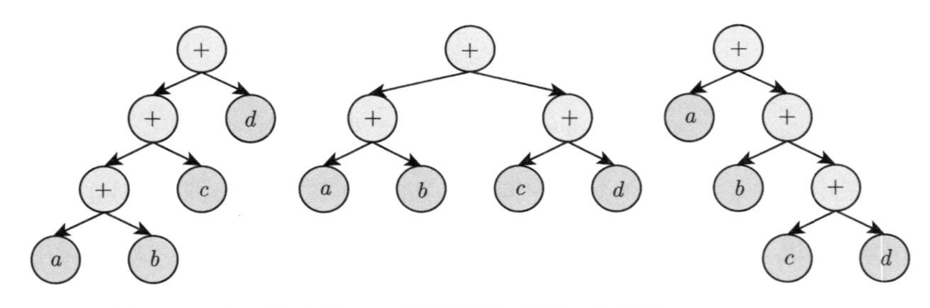

图 8.3 由于结合律，三棵树都表示同一个算式 $a+b+c+d$

要避免由结合律造成的重复，就要在这 3 棵树中选一棵作为代表，并做到在枚举过程中不生成未被选为代表的那 2 棵树。适合选为代表的树，必须像第一棵或最后一棵那样，只向一侧分叉。注意，在做完 8.2.1 节中针对交换律的改进之后，其实已经不会生成第一棵树了——当 $a+b$ 和 c 要组成树的时候，只能是 c 做左子树，$a+b$ 做右子树。于是我们选择最后一棵树作为代表，也就是只向右分叉的树。体现在代码中，就是说左子树的运算符不能与根相同。

由此可以把 actions 函数改造成这样：

```
def actions(left, right):
    for op in '+*':
        if op != left.ch:                    # 根与左子树运算符相同时，不生成算式
            yield Node(op, left, right)
```

但这样做就够了吗？并不。图 8.4中的树都是只向右分叉的，但仍然表达了三个等价的算式，其原因可以归结为“交换律”和“结合律”的共同作用。

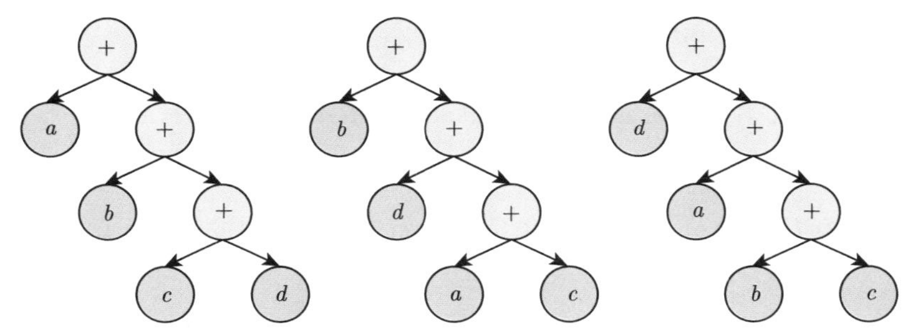

图 8.4 由于交换律和结合律的共同作用，三棵树都表示同一个算式 $a+b+c+d$

我们需要在这些树中也选取一个代表。不妨规定相加（或相乘）的各项要按字典序递增出现，这样第一棵树顺理成章地被选为代表，后面两棵树都不会被生成。(思考：规定递减行不行？)

但是这个“字典序”仅仅适用于单个变量。若要判断图 8.5中的这棵树是否为代表，就要判断 $a*b$ 与 c 是否构成“递增”关系。

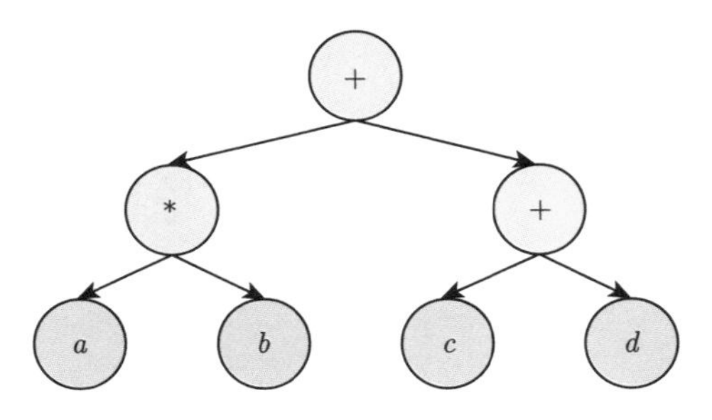

图 8.5 这棵树是否应被选为代表

当然可以把 $a*b$ 转换成字符串之后去跟 c 做比较，但这样不够优雅。于是我们给节点类 `Node` 增设一个属性`id`，并要求相加（或相乘）的各项的id递增。具体到代码中，就是**当根节点的运算符与右子树相同时，要求左子树的 id 小于右子树的左子树的 id**（这句话有点绕，请好好读一读）。actions函数的代码如下：

```
def actions(left, right):
  for op in '+*':
      if op != left.ch and (op != right.ch or left.id < right.left.id):
        yield Node(op, left, right)
```

相应地，Node类的构造函数要做如下修改，以支持 id 属性：

```
class Node:
   def __init__(self, ch=None, left=None, right=None, id=0):
       self.ch = ch
       self.left = left
       self.right = right
       self.id = id
```

代表单变量的节点的id，要在主程序中赋值，其范围为 0 至 $n-1$：

```
n = 4                                                 # 变量个数
trees = [Node(chr(97 + i), id=i) for i in range(n)]  # 初始有 n 个由单变量
                                                      # 组成的算式
expressions = list(DFS(trees))
```

而代表运算符的节点的id，则是在递归过程中赋值的，其值为当前最大的id加 1：

```
def DFS(trees):                                          # trees 为当前算式列表
   if len(trees) == 1:
       yield str(trees[0])                               # 只剩一个算式，输出
       return
   for i in range(len(trees)):                           # 枚举一棵子树
       for j in range(i + 1, len(trees)):                # 枚举另一棵子树
          for node in actions(trees[i], trees[j]):       # 枚举运算符
```

```
        node.id = trees[-1].id + 1                        # 为新节点赋予 id
        new_trees = [
            trees[k] for k in range(len(trees)) if k != i and k != j
        ] + [node]                         # 从列表中去掉两棵子树，并加入运算结果
        for expression in DFS(new_trees):                 # 递归下去
            yield expression
```

有了id属性之后，我们就知道，$a*b+c+d$ 这个算式（图 8.6左）是不可以作为代表的，代表应该是 $c+d+a*b$（图 8.6中）。那么 $c+a*b+d$（图 8.6右）呢？本节中针对结合律的改进，似乎并不能排除它呀！原来，它是由 8.2.1 节中针对交换律的改进排除的。针对交换律的改进保证加号（或乘号）的两棵子树在trees列表中按顺序排列，而trees列表中各个算式的id是保持递增的，所以加号（或乘号）的两棵子树的id也是递增的。

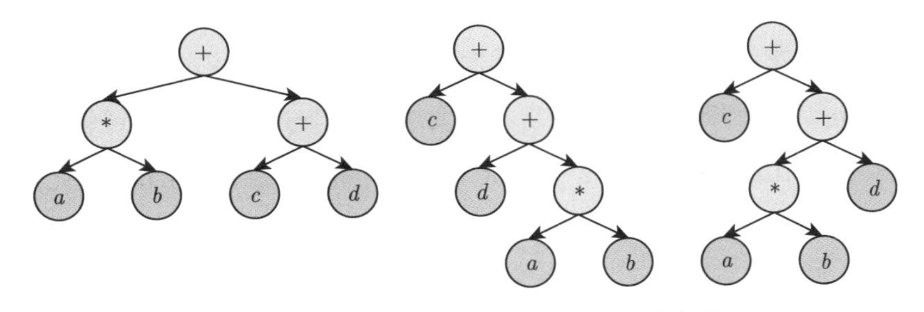

图 8.6　这三棵树中，哪一棵应该被选为代表

8.2.3　避免由“独立运算顺序不唯一”造成的重复

本节要解决的问题，是像图 8.7中两棵树那样的重复。

这两棵树中的 $a+b$ 和 $c+d$ 互不依赖，是独立运算。最底层的 a、b、c、d 分别是 0、1、2、3 号节点。在递归过程中，可能是 a 和 b 先结合得到 4 号节点，c 和 d 后结合得到 5 号节点；也可能是 c 和 d 先结合得到 4 号节点，a 和 b 后结合得到 5 号节点。针对交换律

的改进可以保证最后一步中，4 号节点是左子树、5 号节点是右子树，但它无法控制 $a+b$ 和 $c+d$ 谁是 4 号节点、谁是 5 号节点。

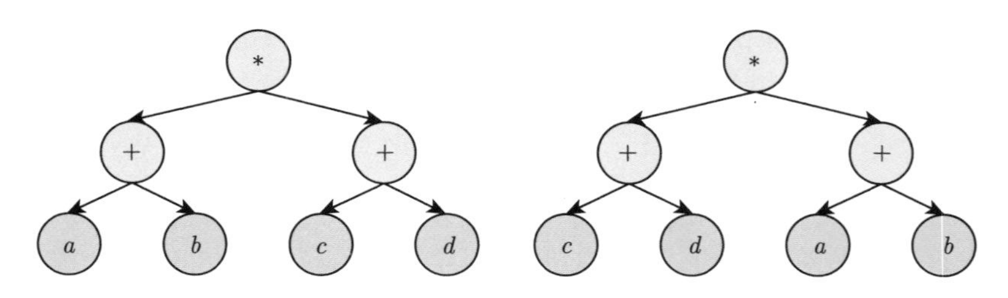

图 8.7　不管先算 $a+b$ 还是先算 $c+d$，最终得到的都是同一个算式

我们希望 $a+b$ 和 $c+d$ 这两个运算，有固定的发生顺序。$a+b$ 涉及的算式id为 0 和 1，$c+d$ 涉及的算式id为 2 和 3，我们希望 (0,1) 发生在 (2,3) 之前。一般地，设两个运算涉及的算式id分别为 (x_1, y_1) 和 (x_2, y_2)，其中 $x_1 < y_1$、$x_2 < y_2$。我们希望用一个不等式约束两个运算的发生顺序。乍一看，我们既可以要求 $x_1 < x_2$，也可以要求 $y_1 < y_2$。但仔细一想就会发现，若要求 $x_1 < x_2$，则会影响到非独立的运算。比如，c 和 d（2 号和 3 号节点）相加得到 4 号节点，之后 $c+d$（4 号节点）想跟 a（0 号节点）相乘。而此时 $(x_1, y_1) = (2, 3)$、$(x_2, y_2) = (0, 4)$，由于 $2 > 0$，第二步的相乘运算就会被排除，但事实上两步运算是相互依赖的，不应该被排除。所以正确的选择是要求 $y_1 < y_2$，即**各步运算涉及的两个算式 id 中的较大者必须递增**。

为了实现这一约束，就要修改DFS函数的实现，让外层递归把“两个算式id中的较大者”传递给内层递归。由于trees列表中各个算式的id是递增的，因此外层递归其实只需要告诉内层递归自己的 j 是多少即可，内层递归中的 j 只能指向外层的 j 之后的算式。我们给DFS函数添加一个参数minj，表示 j 可以取的最小值。注意在递归的时候，trees列表中外层的 i、j 所指的算式会被删除，所以内层的minj应该是外层的 $j-1$，而不是 $j+1$。另外，为了枚举 i、j 方便，我们调换了 i、j 这两层循环的顺序。

```
def DFS(trees, minj):                                   # trees 为当前算式列表
    if len(trees) == 1:
        yield str(trees[0])                             # 只剩一个算式，输出
        return
    for j in range(minj, len(trees)):                   # 枚举一棵子树
        for i in range(j):                              # 枚举另一棵子树
            for node in actions(trees[i], trees[j]):    # 枚举运算符
                node.id = trees[-1].id + 1              # 为新节点赋予 id
                new_trees = [
                    trees[k] for k in range(len(trees)) if k != i and k != j
                ] + [node]                    # 从列表中去掉两棵子树，并加入运算结果
                for expression in DFS(new_trees, j - 1):  # 递归下去
                    yield expression
```

同时，主程序必须给第一层递归设置一个minj，其值为 1：

```
n = 4                                                  # 变量个数
trees = [Node(chr(97 + i), id=i) for i in range(n)]  # 初始时有 n 个由单变量组成的
                                                       # 算式
expressions = list(DFS(trees, 1))
```

8.2.4　小结

本节针对交换律、结合律的改进，都体现在actions函数中。为了避免结合律造成的重复，我们给Node类增设了一个id属性。针对“独立运算顺序不唯一”，我们给DFS函数增加了一个参数minj。

实现了本节的三种改进之后，我们的程序用 4 个变量和加法、乘法可以组成 52 种算式。使用 8.1.3节的方法，可以验证这 52 个算式

均不重复、不等价。当然你会担心会不会有遗漏。在 8.1 节程序的基础上去掉减法和除法，可以得到 1152 个算式，其中不重复的有 528 个、不等价的有 52 个。这说明本节的改进并没有遗漏。

用 n 个变量和加法、乘法可以组成的不等价的算式个数如表 8.1所示。

表 8.1　用 n 个变量和加法、乘法可以组成的不等价算式个数

变量个数	算式数目
1	1
2	2
3	8
4	52
5	472
6	5 504
7	78 416
8	1 320 064
9	25 637 824

这个数列被收录在“整数数列线上大全”（OEIS, The Online Encyclopedia of Integer Sequences）中，编号为 A006351。

8.3　避免由去括号、反转减号造成的重复

上一节暂时忽略了减法和除法，介绍了如何避免由交换律、结合律、独立运算顺序不唯一造成的重复。这一节将重新引入减法和除法，研究如何避免由“去括号”和“反转减号”造成的重复。其中，“反转减号”的处理尤为困难。

首先，我们把减法和除法重新引入actions函数：

```
def actions(left, right):
```

```
    for op in '+*':
        if op != left.ch and (op != right.ch or left.id < right.left.id):
            yield Node(op, left, right)
    for op in '-/':
        yield Node(op, left, right)
        yield Node(op, right, left)
```

8.3.1 避免由“去括号”造成的重复

当若干个加、减法运算混合在一起时，减法的去括号会产生 $a-(b+c-d)$ 与 $a-b-c+d$ 这种等价算式，我们要从中选一个做代表。一个很诱人的想法是选择 $a-b-c+d$ 这个无括号的算式。但可惜的是，无括号算式对应的树是向左分叉的，而我们针对交换律的改进已经排除了根节点为加法且向左分叉的树。好在我们还可以选择形如 $(a+d)-(b+c)$ 的算式做代表，即只允许最上层运算为减法，它的两棵子树必须都由若干项相加而成。换句话说就是，树中**加号和减号的孩子都不能是减号**。

上面的分析同样适用于乘法和除法。我们选择形如 $(a*d)/(b*c)$ 的算式，作为乘、除法混合运算的代表。体现在树中，就是**乘号和除号的孩子都不能是除号**。

加入了以上限制条件的actions函数如下所示。由于条件开始变得复杂了，我们把加、减、乘、除四种运算分开来写。

```
def actions(left, right):
    # 加法：两个孩子都不能是减号；左孩子还不能是加号；
    #       若右孩子是加号，则左孩子和右孩子的左孩子要满足单调性
    if left.ch not in '+-' and right.ch != '-' and \
       (right.ch != '+' or left.id < right.left.id):
        yield Node('+', left, right)
    # 减法：两个孩子都不能是减号
```

```
if left.ch != '-' and right.ch != '-':
    yield Node('-', left, right)
    yield Node('-', right, left)
# 乘法：两个孩子都不能是除号；左孩子还不能是乘号；
#       若右孩子是乘号，则左孩子和右孩子的左孩子要满足单调性
if left.ch not in '*/' and right.ch != '/' and \
   (right.ch != '*' or left.id < right.left.id):
    yield Node('*', left, right)
# 除法：两个孩子都不能是除号
if left.ch != '/' and right.ch != '/':
    yield Node('/', left, right)
    yield Node('/', right, left)
```

8.3.2 避免由“反转减号”造成的重复

为了避免“反转减号”造成的重复，我们定义一个概念——算式的“**极性**”。比如 $a-b$ 和 $b-a$ 这两个算式只差一个负号，我们就称它们是**有极性**的，并从中任选一者称为**正极性**，另一者称为**负极性**。而像 $a+b$、$a*b$ 这种算式，找不到与它们只差一个负号的算式，于是称为**无极性**。更一般的极性定义为：

> 如果一个算式可以通过交换若干减号的被减数与减数，或者把加号改成减号、减号改成加号而变成自己的相反数，那么就称这个算式是有极性的；这个算式和它的相反数中，任选一者称为正极性，另一者称为负极性。

这个极性有什么用呢？举个例子，我们定义 $a-b$ 为正极性，$b-a$ 为负极性；$c-d$ 为正极性，$d-c$ 为负极性。把 $a-b$ 与 $c-d$ 这两个正极性的算式相乘，可以得到 $(a-b)*(c-d)$；把 $b-a$ 与 $d-c$ 这两个负极性的算式相乘，可以得到等价算式 $(b-a)*(d-c)$。极性

可以帮助我们识别出这样的等价算式，并在其中选择一者作为代表，舍弃另一者。

我们往Node类的定义中再添加一个属性polar，用来表示算式的极性。正、负、无极性分别用 $+1$、-1、0 表示。

```
class Node:
    def __init__(self, ch=None, left=None, right=None, polar=0, id=0):
        self.ch = ch
        self.left = left
        self.right = right
        self.polar = polar
        self.id = id
```

显然，初始时由单个变量组成的算式，都没有极性。于是我们下面要解决的问题，就是如何计算两个算式经过一步运算之后所得结果的极性，以及如何利用极性识别出等价算式。

这里，乘、除法是相对简单的。我们分以下三种情况讨论。

- 如果相乘或相除的两个算式都没有极性，那么结果也没有极性。
- 如果相乘或相除的两个算式中有一者有极性，那么可以将结果的极性定义为与有极性的一者相同的极性。举个例子，假设一个算式 X 有正极性（即可以构造出算式 $-X$），另一个算式 Y 无极性。那么 $X*Y$、X/Y、Y/X 这三个算式就会有与之成对的 $(-X)*Y$、$(-X)/Y$、$Y/(-X)$，故可以把前三者定义为正极性，后三者定义为负极性。这里面没有等价算式。
- 如果相乘或相除的两个算式都有极性，情况就比较复杂了。考虑两个有极性的算式 X 和 Y。以乘法为例，X、Y 和它们的相反数可以乘出四种结果：$X*Y$、$X*(-Y)$、$(-X)*Y$、$(-X)*(-Y)$。这四个式子两两等价，而两组等价的式子互为相反数。我们不妨选择 $X * Y$ 和 $X * (-Y)$ 为代表，并定义 $X * Y$ 为正极性，$X * (-Y)$ 为负极性；另外两个算式则作为这两个算式的等价算式而被舍弃。总结一下是这样：若左子树的极性为正，则结果被选为代表，且极性与右子树相同；若左子树的极性为负，则结果被舍弃。这种处理方法同样适用于除法。

下面看加、减法，它们必须放到一起来看。同样分三种情况。

- 如果相加的两个算式 X、Y 都没有极性，那么结果 $X + Y$ 也没有极性；如果相减的两个算式 X、Y 都没有极性，那么就在 $X - Y$ 和 $Y - X$ 中任取一者定义为正极性，另一者定义为负极性。
- 如果 X 有极性，Y 无极性，那么 X、$-X$ 分别与 Y 相加减可以得到如下 6 个算式：

  (1) $X + Y$,　　(2) $(-X) + Y$,

  (3) $X - Y$,　　(4) $(-X) - Y$,

  (5) $Y - X$,　　(6) $Y - (-X)$

  其中 (1)、(4) 互为相反数，(2)、(3) 互为相反数；(2)、(5) 等价，(1)、(6) 等价。我们舍弃 (5)、(6)，并定义 (1)、(3) 为正极性，(2)、(4) 为负极性[①]。总结一下是这样：有极性与无极

① 这里其实有一些猫腻：如果定义 (1)、(2) 为正极性，(3)、(4) 为负极性，则会遗漏如下三种结构的算式：

$((a - b) * c + d - e)/(f - g)$

$((a - b)/c + d - e)/(f - g)$

$(c/(a - b) + d - e)/(f - g)$

详见我的 GitHub 代码库 issues 页面上的讨论。

性相加，结果的极性与有极性者相同；有极性减无极性，结果的极性也与有极性者相同；无极性减有极性，结果舍弃。

- 如果 X、Y 都有极性，那么 X、$-X$ 分别与 Y、$-Y$ 相加减可以得到如下 12 个算式：

  (1) $X+Y$,　(2) $(-X)+Y$,　(3) $X+(-Y)$,
  (4) $(-X)+(-Y)$,　(5) $X-Y$,　(6) $(-X)-Y$,
  (7) $X-(-Y)$,　(8) $(-X)-(-Y)$,　(9) $Y-X$,
  (10) $Y-(-X)$,　(11) $(-Y)-X$,　(12) $(-Y)-(-X)$

  其中 (1)、(4) 互为相反数，(2)、(3) 互为相反数；(1)、(7)、(10) 等价，(2)、(8)、(9) 等价，(3)、(5)、(12) 等价，(4)、(6)、(11) 等价。于是，(5)~(12) 这八个算式应当全部舍弃，并可以定义 (1)、(2) 为正极性，(3)、(4) 为负极性。总结一下是这样：两个有极性的算式相加，结果的极性与右子树相同；两个有极性的算式相减，结果舍弃。

我们在actions函数中实现上面的讨论过程，包括计算两个算式运算结果的极性，以及识别、舍弃等价算式。很不幸，代码变得十分冗长了。代码的逻辑顺序与上面的讨论不尽相同，请逐条对照。

```
def actions(left, right):
    # 加法：两个孩子都不能是减号；左孩子还不能是加号；
    #       若右孩子是加号，则左孩子和右孩子的左孩子要满足单调性
    if left.ch not in '+-' and right.ch != '-' and \
       (right.ch != '+' or left.id < right.left.id):
        if left.polar == 0 or right.polar == 0:
            yield Node('+', left, right, left.polar + right.polar)
                                        # 无极性 + 无极性 = 无极性
                                        # 有极性 + 无极性 = 有极性者的极性
        else:
```

```
            yield Node('+', left, right, right.polar)#有极性 + 有极性 = 右子树极性
    # 减法：两个孩子都不能是减号
    if left.ch != '-' and right.ch != '-':
        if left.polar == 0 and right.polar == 0:        # 无极性-无极性：
            yield Node('-', left, right, 1)             # 正过来减是正极性
            yield Node('-', right, left, -1)            # 反过来减是负极性
        else:
            if left.polar == 0:
                yield Node('-', right, left, right.polar)
                                                    # 有极性-无极性 = 有极性者的极性
                                                    # (无极性-有极性 = 舍弃)
                                                    # (有极性-有极性 = 舍弃)
            if right.polar == 0:
                yield Node('-', left, right, left.polar)  # 同上
    # 乘法：两个孩子都不能是除号；左孩子还不能是乘号；
    #       若右孩子是乘号，则左孩子和右孩子的左孩子要满足单调性
    if left.ch not in '*/' and right.ch != '/' and \
       (right.ch != '*' or left.id < right.left.id):
        if left.polar == 0 or right.polar == 0:
            yield Node('*', left, right, left.polar + right.polar)
                                                  # 无极性 * 无极性 = 无极性
                                                  # 有极性 * 无极性 = 有极性者的极性
        elif left.polar > 0:
            yield Node('*', left, right, right.polar)#正极性 * 有极性 = 右子树极性
                                                        # (负极性 * 有极性 = 舍弃)
    # 除法：两个孩子都不能是除号
    if left.ch != '/' and right.ch != '/':
        if left.polar == 0 or right.polar == 0:
            yield Node('/', left, right, left.polar + right.polar)
                                                    # 无极性/无极性 = 无极性
                                                    # 有极性/无极性 = 有极性者的极性
                                                    # 无极性/有极性 = 有极性者的极性
            yield Node('/', right, left, left.polar + right.polar)  # 同上
```

```
else:
    if left.polar > 0:
        yield Node('/', left, right, right.polar)
                                    # 正极性/有极性 = 右子树极性
                                    # (负极性/有极性 = 舍弃)
    if right.polar > 0:
        yield Node('/', right, left, left.polar)  # 同上
```

至此，我们终于避免了五种原因造成的所有重复！

8.3.3 总结

本节解决了减法和除法中由“去括号”和“反转减号”造成的重复，修改主要体现在actions函数中。为了排除由“反转减号”造成的重复，我们定义了算式的极性。极性在运算中的传递规律非常复杂，造成actions函数也冗长而且不优雅，这点我也很无奈。

本章的完整程序可以在我的 GitHub 主页上获得。除此之外，GitHub 上还有一个 C++ 版本的程序，它只记录算式的个数，不把算式转换成字符串。C++ 程序比 Python 程序效率高很多，用它可以算出由 1 ~ 9 个变量经四则运算可以组成的算式个数，见表 8.2。

表 8.2　用 1 ~ 9 个变量和加、减、乘、除四种运算可以组成的不等价算式个数

变量个数	算式数目
1	1
2	6
3	68
4	1 170
5	27 142
6	793 002
7	27 914 126
8	1 150 212 810
9	54 326 011 414

这个数列同样被“整数数列线上大全”收录，编号为 A140606。值得一提的是，这个数列是由一位中国网友杜朝晖（音）贡献的。

用枚举法可以数出 9 个变量组成的算式个数，但如果变量个数再多，枚举法就无能为力了。知乎网友终军弱冠利用“生成函数”，给出了数列 A140606 的递推式以及渐近近似，有兴趣的读者可以去本书主页“随书下载”中获取。

CHAPTER 9 第九章 Sprague-Grundy定理是怎么想出来的？

棋类游戏的必胜策略，是一个很让人上瘾的研究课题。有一类棋类游戏的必胜策略，可以利用 **Sprague-Grundy 定理**（完整表述见本章末尾），用记忆化搜索程序高效得出。Sprague-Grundy 定理不仅如神来之笔一般，为游戏的每个状态分别定义了一个 Sprague-Grundy 数（简称 SG 数），还指出了一个让人匪夷所思的结论：游戏状态的组合相当于 SG 数的异或运算。想必很多人在学到这个定理的时候，脑子中都会冒出两个大大的问号：**SG 数和异或运算都是怎么想出来的呢？**这一章，就来研究 SG 数提出的灵感，以及异或运算的发现和证明。

9.1 游戏介绍

先来介绍几个可以用 Sprague-Grundy 定理解决的棋类游戏。它们都是双人游戏。

第一个游戏来自刷题网站 LeetCode，名叫 Flip Game。游戏规则为初始时有一个由加号（“+”）组成的字符串，例如“++++++”。游戏双方轮流进行如下操作：选取相邻的两个加号，把它们变成减号。若轮到某一方时，字符串中不再有相邻的两个加号，则这一方输掉游戏。这个游戏有一种等价表述，称为 Dawson's Chess。其规则为初始时有一个一维棋盘；游戏双方轮流下子，要求新下的棋子不能与已有的棋子相邻；无处下子者判负。由 n 个加号组成的 Flip Game，等价于长度为 $n-1$ 的棋盘上的 Dawson's Chess。举一个例子如图 9.1 所示。

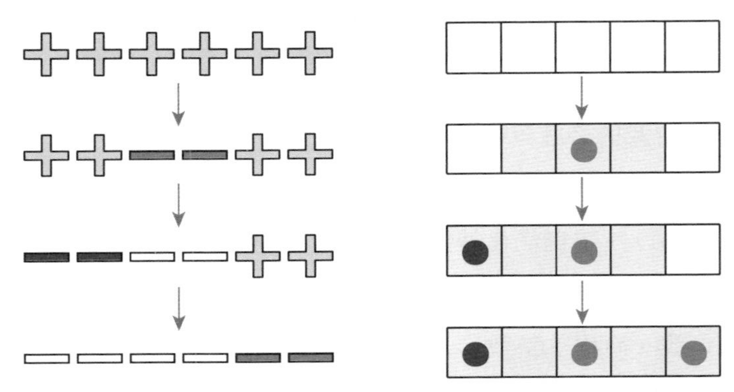

图 9.1　由 6 个加号组成的 Flip Game（左），等价于初始含 5 个空位的 Dawson's Chess（右）

第二个游戏是由知乎网友张健提出来的“抢票游戏”，游戏规则是在一家电影院中，有一些座位已经被预订了。有两名土豪轮流预订剩余的座位，他们约定每次必须选定一个不包含已被预订座位的矩形区域，并预订其中的所有座位，如图 9.2。订到最后一个座位的土豪将获得奖励。

图 9.2 中标有小人的座位已被预订走，两位土豪（红、蓝）轮流预订成片的座位。

与这两个游戏类似的，还有这一类游戏的代表：Nim。它的游戏规则为初始时有若干排火柴棍，每排火柴棍的数量不等，如图 9.3。游戏双方轮流选定一排并从中拿走任意根火柴（可以把一排拿光），拿走最后一根火柴者为胜。Nim 游戏曾经出现在法国电影《去年在马伦巴》中。

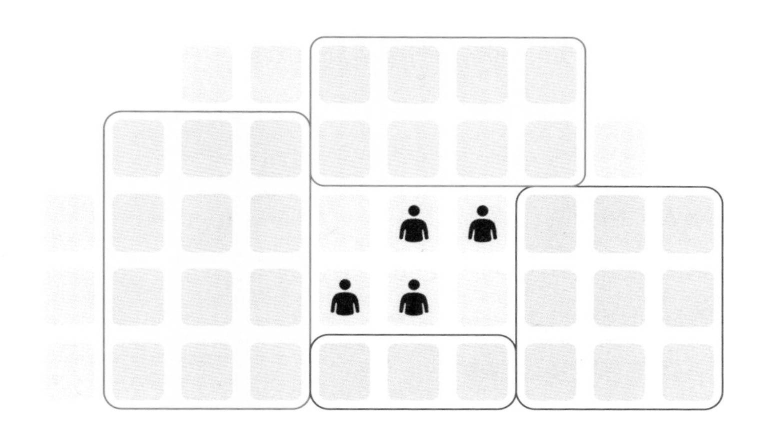

图 9.2 “抢票游戏”示意图

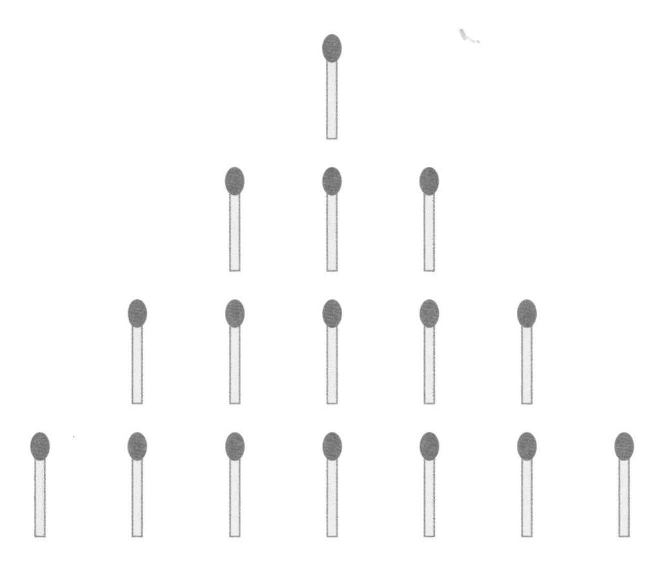

图 9.3 电影《去年在马伦巴》中出现的 Nim 游戏

9.2 策梅洛定理

对于 9.1 节举出的这些游戏，我们很自然地会关心一个问题：给定一个初始状态，先手玩家是否有必胜策略？

策梅洛定理（Zermelo's theorem）指出，若一个游戏满足如下条件：

1. 双人、回合制；
2. 信息完全公开（perfect information）；
3. 无随机因素（deterministic）；
4. 必然在有限步内结束；
5. 没有平局。

则游戏中的任何一个状态，要么先手有必胜策略，要么后手有必胜策略。下文把这两种状态分别称为**胜态**、**败态**。

常见的牌类游戏大多不满足条件 2、3；常见的棋类游戏（如井字棋、五子棋、围棋、象棋、跳棋）大多满足条件 2、3，在正式竞技中也会通过禁止循环的方式保证条件 4，但不一定满足条件 5。而 9.1 节中提出的三种游戏，满足全部 5 个条件。

策梅洛定理的结论其实颇为显然。它的证明过程也是必胜策略的构造过程。

- 对于终局状态，根据游戏规则可以判定“先手者”（即面对此状态的玩家）的胜负；
- 对于非终局状态 A，可以考虑先手玩家走一步之后的所有可能状态（称为 A 的“次态”）：**若 $\boldsymbol{A}$ 的次态全都是胜态，则 $\boldsymbol{A}$ 本身就是败态；否则，$\boldsymbol{A}$ 为胜态，且必胜策略就是在次态**

中选择一个败态留给对方。因为游戏会在有限步内结束，所以这个递归过程必然能够终止。

根据策梅洛定理，可以很容易地使用记忆化搜索算法判断一个状态是胜态还是败态：

```
mem = {}
def win(A):                     # 判断状态 A 是否为胜态
    if A not in mem:
        if is_final(A):         # 若 A 为终局状态
            mem[A] = rule(A)    # 根据游戏规则判断 A 的胜负
        else:                   # 若 A 为非终局状态，则根据策梅洛定理判断其胜负
            mem[A] = not all(win(B) for B in next_states(A))
                                # next_states(A) 返回 A 的所有次态
    return mem[A]
```

需要注意，这里的“状态”是需要包含“下一步轮到谁”这一信息的。另外需要讨论一下游戏满足的第 4 个条件——策梅洛定理本身只要求游戏在有限步内结束，但如果要使用上面的记忆化搜索算法，则需要枚举一个状态的所有次态，这要求在游戏中每一步的可能走法数也是有限的。下文也只讨论游戏的总步数和每步的走法数都有限的情况，这种游戏被称为“有限游戏”（finite game）。

9.3 游戏状态的组合

有些读者可能已经发现了，在 9.1 节提出的三种游戏中，有许多状态是等价的。例如在 Flip Game 中，两个加号（“++”）和三个加号（“+++”）就是等价的状态，因为它们都是走一步之后就无路可走；在抢票游戏中，一个 2×3 的矩形和一个 3×2 的矩形也是等价的状态。状态的等价有许多种原因，其中一种是两个状态都是**同样一些相互独**

立的子状态的组合。这里，“相互独立”的意思是指玩家的任意一步行动都只能影响一个子状态。例如，在 Flip Game 中，“++++-++--”和“-++--++++”就是等价的状态，因为它们都是“2 个加号”和“4 个加号”这两个子状态的组合。而 Nim 游戏的状态天然就是一些子状态的组合，其中每排火柴都是一个子状态。如果能够通过子状态的胜负推断出它们的组合（下文称为**母状态**）的胜负，那么就可以大幅减少记忆化搜索过程中需要考虑的状态数，提高搜索效率。

在讨论由子状态胜负推断母状态胜负的方法之前，我想先指出 9.1 节中三个游戏的另外三个共同特征。它们正是 Sprague-Grundy 定理成立的条件，也是下文所有讨论的前提。

1. 游戏双方可以采取的行动是相同的。井字棋、五子棋、围棋、象棋、跳棋这些棋类游戏均不满足这个条件，因为游戏的双方只能下（或移动）己方的棋子。
2. 游戏双方的胜利目标是相同的。常见的胜利目标包括把棋盘清空或填满，或者把棋子排成特定的形状。注意，如果双方的目标是把棋子排成不同的形状，则游戏不满足这个条件。
3. 具体来说，双方的胜利目标是自己亲手达成终局状态，或者说走最后一步者为胜（术语称为 normal play）。9.1 节中的三个游戏也都可以稍微修改规则，改成走最后一步者为负（术语称为 misère play），但下文的讨论仅适用于 normal play 的情况。

满足条件 1 和条件 2 的游戏称为 impartial game，反之则称为 partisan game。impartial game 的状态中只需包含棋盘信息，partisan game 的状态则还需包括“下面轮到谁”。正因为如此，partisan game

的状态无法拆分成“相互独立”的子状态，因为玩家的每一步行动都会影响所有子状态中“下面轮到谁”的信息。

下面讨论状态的组合对胜负产生的影响。请温习一下胜态和败态的关键性质：经过一步行动，**败态只能变成胜态，胜态可以（但不一定）变成败态。**

先看两个败态的组合。两个败态的组合还是败态。从后手玩家的角度来看，先手玩家的行动只能将两个败态中的一个改变为胜态，于是后手玩家可以再将这个胜态变成败态，从而将两个败态的组合抛回给先手玩家。由于终局状态为败态，最终先手玩家必将面对两个终局状态组成的败态，故后手必胜。

再看一胜一败两个状态的组合。胜态与败态的组合是胜态——先手玩家只要把胜态变成败态，就可以把两个败态组合成的败态抛给后手玩家了。

最后看两个胜态的组合。这种组合就比较复杂了：先手玩家不应把其中一个胜态变成败态，因为这样会把一胜一败两个状态组合成的胜态留给对方。因此，先手玩家应当把其中一个胜态变成一个新的胜态。后手玩家面对新的胜态 + 胜态的组合，应当采取相同的策略。然而，由于游戏是有限的，早晚会有一个玩家只能把一个胜态变成败态，从而输掉游戏，但我们并不知道这会在哪一步发生。也就是说，仅仅知道两个子状态都是胜态，不足以推出母状态的胜负，还需要挖掘胜态的更多性质。

9.4 Sprague-Grundy 数的提出

我们以 Flip Game 为例，研究一下胜态还有哪些更深层的性质。

状态“++”是最简单的胜态，它只有一种走法，所得结果是败态。状态“+++”跟“++”在这一点上是一样的，因此它们其实是等价状态。状态“++++”就有两种不同的走法（对称的走法算同一种）：一是把中间两个加号变成减号，这样得到的次态“+--+”是个败态；二是把某一端的两个加号变成减号，这样得到的次态“--++”或“++--”（等价于“++”）是个胜态。

于是我们发现了两种不同的胜态。像“++”、“+++”这样只能变成败态的胜态，我们称之为**一级胜态**。像“++++”这样，可以变成败态，也可以变成一级胜态的胜态，我们称之为**二级胜态**，如图 9.4 所示。类似地，如果一个胜态可以变成败态，也可以变成 1 至 $n-1$ 级的所有胜态，则我们称之为 $\boldsymbol{n}$ **级胜态**。而败态可以被称为**零级**。

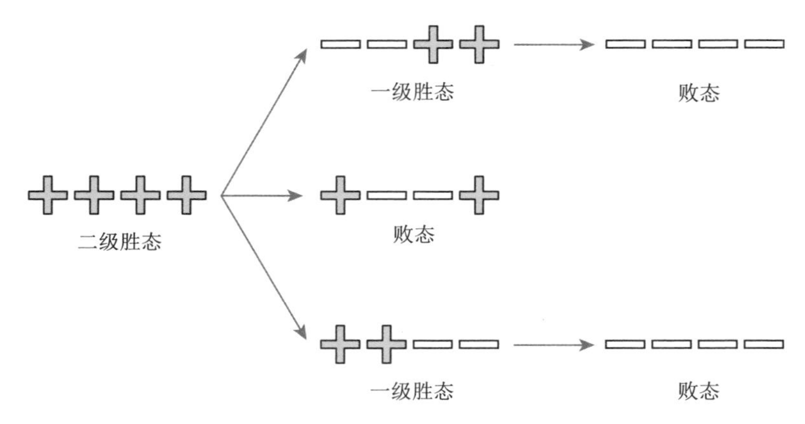

图 9.4 Flip Game 中的败态、一级胜态、二级胜态

我们看一下胜态的组合是否与级数有关。两个一级胜态的组合是败态，因为先手玩家的任意一步行动都会将其中一个胜态变为败态，留给后手玩家的就是胜态与败态组合成的胜态。一个一级胜态与一个二级胜态的组合是胜态，因为先手玩家可以将二级胜态变为一

级胜态，留给后手玩家的就是两个一级胜态组合成的败态。两个二级胜态组合成的胜态也是败态，因为先手玩家无论将其中一个二级胜态变成败态还是一级胜态，留给对方的组合都是胜态。

我们似乎发现了一个规律：**两个同级胜态的组合是败态，两个不同级胜态的组合是胜态**。没错！对于两个同级胜态的组合，无论先手玩家如何降低其中一个胜态的级数（甚至将其变成零级的败态），后手玩家总可以将另一个胜态降到同一级，最终先手玩家将面对两个败态组合成的败态。而若先手玩家面对的是两个不同级的胜态，他就总可以将其中较高级的胜态降至与较低级的胜态同级，这样留给后手玩家的就是败态。

上面对于胜态等级的定义有一个漏洞：如果一个胜态 A 可以变成败态或二级胜态，但不能变成一级胜态，那么它应该算一级还是三级呢？规律的证明过程同样也有一个漏洞：我们默认一步行动只能让胜态的级数降低，那么能不能让胜态的级数升高呢？注意，规律证明过程的关键在于，**如果要降低一个胜态的级数，则可以降低到任一级**。于是我们知道，上面的状态 A 应当定义为一级胜态。这导致胜态的级数可以升高，不过没关系，可以这样弥补规律证明的漏洞：在两个同级胜态的组合下，若先手玩家升高了其中一个胜态的级数，则后手玩家可以将它降回原级，这样两个同级胜态的组合仍是败态。

通过定义胜态的级数，我们**解决了两个胜态组合而成的母状态的胜负判定问题**。事实上，我们定义的“级数”，就是传说中的 Sprague-Grundy 数（简称 SG 数）。SG 数是一个从状态映射到非负整数的函数，它的形式化定义如下：

$$\mathrm{SG}(A) = \mathrm{mex}\{\mathrm{SG}(B) | A \to B\} \tag{9.1}$$

式 (9.1) 中 A、B 代表状态，$A \to B$ 代表 B 是 A 的一个次态。mex 是一个定义在集合上的函数，表示不属于集合的最小非负整数，是 minimum excludant 的缩写。这个定义用通俗的语言表达，就是一个状态的 SG 数，等于它的次态取不到的最小 SG 数。

9.5 状态组合时 Sprague-Grundy 数的运算规则

9.5.1 规则的发现

有了 SG 数，我们就可以判断任意两个子状态组合成的母状态的胜负了。但是，如果一个母状态是由三个子状态组成的，怎么办？我们发现，仅仅判断两个子状态组合成的母状态的胜负是不够的，我们还需要求出母状态的 SG 数。在下文的介绍中，我们分别用 a、b 表示 2 个子状态的 SG 数，用 $c(a \oplus b = c)$ 表示这两个子状态组合成的母状态的 SG 数，我们的目标，就是弄清异或（以下称 $\oplus$）运算的法则。当然，我们这么写默认了由子状态的 SG 数可以唯一确定母状态的 SG 数，这一点其实未经证明。

依然从最简单的情况开始。两个败态的组合还是败态，也就是说 $0 \oplus 0 = 0$。两个一级胜态的组合也是败态，即 $1 \oplus 1 = 0$。一个败态和一个一级胜态的组合，我们可以考虑最简单的情况：败态是终局态，不能再改变；而一级胜态只能变成败态。显然，这个组合的次态只能是两个败态组成的败态，故它本身是一级胜态，即 $0 \oplus 1 = 1$。

$0 \oplus 0 = 0$、$1 \oplus 1 = 0$、$0 \oplus 1 = 1$，聪明的读者，你看出规律了吗？

如果没看出，或者不相信你看出的规律，我们可以再看几个 SG 数稍微大一点儿的情况。考虑最简单的败态和二级胜态的组合：败态不能变化，二级胜态只能变成一级胜态或败态，于是组合的次态的

SG 数只能是 $0 \oplus 1 = 1$ 或 $0 \oplus 0 = 0$。这说明败态和二级胜态的组合是二级胜态，即 $0 \oplus 2 = 2$。同理可得 $0 \oplus 3 = 3$。再看胜态和胜态的组合，前面已经得到两个同级胜态的组合为败态，故 $2 \oplus 2 = 3 \oplus 3 = 0$。那么两个不同级胜态的组合呢？

- $1 \oplus 2$ 的次态可能是 $0 \oplus 2 = 2$、$1 \oplus 0 = 1$、$1 \oplus 1 = 0$，次态的 SG 数中 0、1、2 俱全，故 $1 \oplus 2 = 3$。
- $1 \oplus 3$ 的次态可能是 $0 \oplus 3 = 3$、$1 \oplus 0 = 1$、$1 \oplus 1 = 0$、$1 \oplus 2 = 3$，次态的 SG 数缺少 2，故 $1 \oplus 3 = 2$。
- $2 \oplus 3$ 的次态可能是 $0 \oplus 3 = 3$、$1 \oplus 3 = 2$、$2 \oplus 0 = 2$、$2 \oplus 1 = 3$、$2 \oplus 2 = 0$，次态的 SG 数缺少 1，故 $2 \oplus 3 = 1$。

上面的结论可以归纳成表 9.1。现在看出规律了吗？相信了吗？

表 9.1 状态组合时 SG 数的运算规律

$\oplus$	**0**	**1**	**2**	**3**
0	0	1	2	3
1	1	0	3	2
2	2	3	0	1
3	3	2	1	0

再换个角度，看看我们已经得到了 $\oplus$ 运算的哪些性质。

1. **交换律** $a \oplus b = b \oplus a$：显然。
2. **结合律** $(a \oplus b) \oplus c = a \oplus (b \oplus c)$：显然。
3. **归零律** $a \oplus a = 0$：因为两个同级胜态的组合为败态。
4. **恒等律** $0 \oplus a = a$：本节已用最简单的情况说明。

具有这四个性质的二元运算是什么呢？是**异或**！

到此为止，我们通过举例的方法，发现了**状态的组合对应着 SG 数的异或**。不过，我们并没有证明通过子状态的 SG 数能够唯一确定母状态的 SG 数（即 $\oplus$ 运算结果的唯一性），也没有证明 $\oplus$ 是能够达到这个目的的唯一一种运算。下面，我们就通过 SG 数和状态组合的定义，证明状态的组合对应着 SG 数的异或，即 $\mathrm{SG}(A+B)=\mathrm{SG}(A)\oplus\mathrm{SG}(B)$，其中加号表示状态的组合、$\oplus$ 号表示异或。

9.5.2 规则的证明

由 SG 数的定义，有 $\mathrm{SG}(A+B)=\mathrm{mex}\{\mathrm{SG}(X)|(A+B)\to X\}$。由状态组合中子状态的独立性，可知状态 X 必能拆成 $C+B$ 或 $A+D$ 的形式，其中 $A\to C$、$B\to D$。于是有：

$$\mathrm{SG}(A+B)=\mathrm{mex}\left(\{\mathrm{SG}(C+B)|A\to C\}\cup\{\mathrm{SG}(A+D)|B\to D\}\right) \tag{9.2}$$

下面，我们想把等式右边的 $\mathrm{SG}(C+B)$ 和 $\mathrm{SG}(A+D)$ 换成 $\mathrm{SG}(C)\oplus\mathrm{SG}(B)$ 和 $\mathrm{SG}(A)\oplus\mathrm{SG}(D)$。但这正是我们要证明的结论呀！怎么办呢？可以用**数学归纳法**。不过，由于 SG 数在游戏过程中可能会增加，因此不能按 SG 数本身的顺序来归纳。但是游戏是有限的，所以可以对游戏的所有状态进行拓扑排序，这个顺序的逆序可以用作归纳的顺序。这样，我们就可以放心地进行代换了：

$$\begin{aligned}\mathrm{SG}(A+B)=&\mathrm{mex}\left(\{\mathrm{SG}(C)\oplus\mathrm{SG}(B)|A\to C\}\right.\\&\left.\cup\{\mathrm{SG}(A)\oplus\mathrm{SG}(D)|B\to D\}\right)\end{aligned} \tag{9.3}$$

下面要证明的，就是 $\mathrm{SG}(A)\oplus\mathrm{SG}(B)$ 不属于式 (9.3) 中右边两个集合中的任意一个，但比它小的正整数都属于两个集合中的某一个。为书写简便，用 a,b,c,d 代替 $\mathrm{SG}(A),\mathrm{SG}(B),\mathrm{SG}(C),\mathrm{SG}(D)$。

先看 $a\oplus b$ 本身。由 SG 数的定义，既然 $A\to C$，$B\to D$，那么 $c\neq a$，$d\neq b$，故两个集合均不包含 $a\oplus b$。再看比 $a\oplus b$ 小的任意非

负整数 e。定义 $f = a \oplus b \oplus e$，则用 f 与 a, b, e 三者异或，至少使得其中一者减小（因为 f 非零，f 的二进制表示中最高位的 1 必来自 a, b, e 三者之一，f 与这一者异或会使它减小）。但这一者不会是 e，因为 $f \oplus e = a \oplus b > e$。不妨设这一者是 a，即 $f \oplus a = e \oplus b < a$。此时，可取 A 的一个次态 C 使得 $\mathrm{SG}(C) = c = e \oplus b$，由 SG 数的定义，这是一定能做到的。这就证明了 $\forall e < a \oplus b$，e 都属于右边两个集合之一，故 $\mathrm{SG}(A + B) = \mathrm{SG}(A) \oplus \mathrm{SG}(B)$[①]。

9.6 Sprague-Grundy 定理的完整表述

下面给出 Sprague-Grundy 定理的完整表述。

若一个游戏满足以下条件：

1. 双人、回合制；
2. 信息完全公开（perfect information）；
3. 无随机因素（deterministic）；
4. 必然在有限步内结束，且每步的走法数有限（finite）；
5. 没有平局；
6. 双方可采取的行动及胜利目标都相同（impartial）；
7. 这个胜利目标是自己亲手达成终局状态，或者说走最后一步者为胜（normal play）。

则游戏中的每个状态均可以按如下规则被赋予一个非负整数，这个整数被称为 Sprague-Grundy 数：

$$\mathrm{SG}(A) = \mathrm{mex}\{\mathrm{SG}(B) | A \to B\}$$

① 本段的证明思路来自维基百科 Nimber 词条。

（式中 A、B 代表状态，$A \to B$ 代表 A 状态经一步行动可以到达 B 状态，mex 表示一个集合所不包含的最小非负整数）。SG 数有如下性质：

1. SG 数为 0 的状态，后手玩家必胜；SG 数为正的状态，先手玩家必胜；
2. 若一个母状态可以拆分成多个相互独立的子状态，则母状态的 SG 数等于各个子状态的 SG 数的异或。

利用 Sprague-Grundy 定理，可以将记忆化搜索的程序优化成如下形式：

```
mem = {}
def SG(A):                    # 求状态 A 的 SG 数
    if A not in mem:
        S = sub_states(A)     # sub_states(A) 将 A 尽可能细致地拆分成子状态
        if len(S) > 1:        # A 可以拆分，用子状态的异或求其 SG 数
            mem[A] = reduce(operator.xor, [SG(B) for B in S])
        else:                 # A 不可拆分，根据定义求其 SG 数
            mem[A] = mex(set(SG(B) for B in next_states(A)))
                              # next_states(A) 返回 A 的所有次态
                              # 注意这条语句蕴含了“终局态的 SG 数为 0”这一信息
    return mem[A]
```

这段程序中的状态只包含棋盘信息,不包含“下面轮到谁”。其中mex函数的实现十分平凡，故从略。

CHAPTER 10 第十章 小算法题，大应用：如何“掰平”一个不单调的序列？

Matlab 作为一个强大的科学计算工具，内置了许多算法的高效实现。但智者千虑，必有一失，我就在 Matlab 中发现过一个非常低效的函数实现，以至于在应用的时候会出现“卡死”的假象。而这个函数的功能其实非常简单，不过是一道普通的面试算法题的水平。

本章，我就带大家看看 Matlab 是怎么失手的，并高效地实现这道算法题。这道算法题看似简单，却有着深厚的应用背景，因此我也会给大家展示一下它有什么用。

10.1 如何“掰平”一个不单调的序列？

这道算法题是这样的：已知一个不单调递增的序列 $y = \{y_1, \cdots, y_N\}$，现在要用最小的代价把它“掰平”。用数学语言说，就是求另一个（不需要严格）单调递增的序列 $\hat{y} = \{\hat{y}_1, \cdots, \hat{y}_N\}$，使得它跟 y 尽可能接近。“接近”的标准是让误差 $\sigma = \sum_{i=1}^{N} w_i(y_i - \hat{y}_i)^2$ 最小，其中 w_i 是序列第 i 项的权重。为了讨论简便，认为所有权重均为正。

举一个最简单的样例：假设输入的序列为 $y = \{1, 3, 2\}$，每项权重均为 1。则输出序列应该是 $\hat{y} = \{1, 2.5, 2.5\}$，它把原序列中的下降段 $\{3, 2\}$“掰平”了，而且是误差最小的掰法。

10.1.1 Matlab 的掰平算法

本节我们分析 Matlab 自带的算法，以输入序列 $y=\{1,4,3,5,3,1,7,5\}$ 为例，所有元素的权重均为 1。

首先看 $\{4,3\}$ 这个下降段。现在要把它掰平，那么把两个数掰成多少能使得误差最小呢？不难发现，答案应该是 4 和 3 的平均数，即 3.5。（如果这两个数有不同的权重，那么使得误差最小的，就应该是它们的加权平均数，证明留给读者。）

按照这种思路，可以把输入序列中三个下降段 $\{4,3\}$、$\{5,3,1\}$、$\{7,5\}$ 分别掰成 3.5、3、6，得到 $\{1,3.5,3.5,3,3,3,6,6\}$。这就结束了吗？当然没有——因为 3.5 和 3 这两个段落又违反单调性了，此时就要把这两个段落整体掰平。3.5 段落的总权重为 2，3 段落的总权重为 3，所以掰平的结果应该是加权平均数 3.2。此时得到的序列为 $\{1,3.2,3.2,3.2,3.2,3.2\}$，整体满足单调性，所以这就是要求的序列 $\hat{y}$。

上面逐渐把下降段“掰平”的过程可以用图 10.1表示，其中蓝点为输入序列，红点及红线为所求的单调序列。

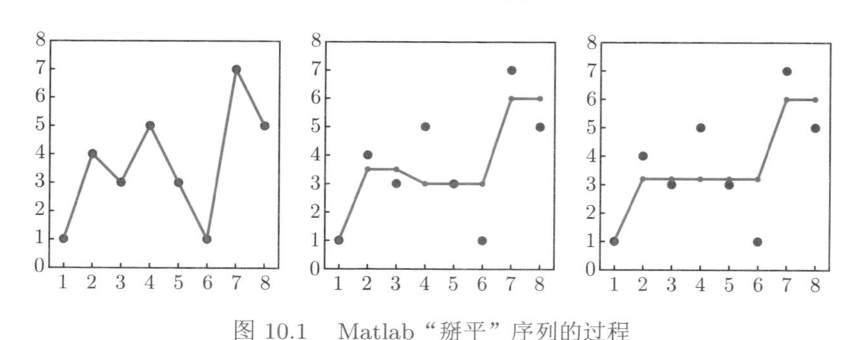

图 10.1 Matlab“掰平”序列的过程

概括一下上述算法的流程，就是不断地在序列中寻找下降段，并把下降段掰成加权平均数，直到整体序列单调递增为止。Matlab 中实现这个算法的核心代码如下：

```
yhat = y;                                   % 用输入序列初始化输出序列
block = 1:length(y);                        % block(i) 表示第 i 个元素属于第几个段落
                                            % 初始时每个元素独立成段
while true
    diffs = diff(yhat);                     % 求所有相邻元素之差
    if all(diffs >= 0), break; end          % 若已满足单调性，退出
    idx = cumsum([1; (diffs > 0)]);         % 找出序列中所有的下降段，并依次编号
                                            % 例如，若输入为 1,4,3,5,3,1,7,5
                                            % 则编号结果为 1,2,2,3,3,3,4,4
    sumyhat = accumarray(idx, w.*yhat);     % 计算每段元素的加权和
    w = accumarray(idx, w);                 % 计算每段元素的总权重
    yhat = sumyhat ./ w;                    % 求出每段元素的加权平均数
    block = idx(block);                     % 更新每个元素所属的段落编号
end
yhat = yhat(block);                         % 构建输出序列
```

这段代码使用了一些 Matlab 特有的操作（比如cumsum、accumarray），可能比较难理解。理解的关键在于，在迭代过程中，yhat并不是记录完整的序列，而是对序列中的每一个水平段落，只记录一个值。上文所举例子的执行过程如表 10.1所示，能够帮助你理解。

表 10.1　Matlab“掰平”序列代码的执行过程中各变量的变化

变量	初始值	第一次迭代	第二次迭代	第三次迭代
diffs		3, −1, 2, −2, −2, 6, −2	2.5, −0.5, 3	2.2, 2.8（全正停止）
idx		1, 2, 2, 3, 3, 3, 4, 4	1, 2, 2, 3	
sumyhat		1, 7, 9, 12	1, 16, 12	
w	1, 1, 1, 1, 1, 1, 1, 1	1, 2, 3, 2	1, 5, 2	
yhat	1, 4, 3, 5, 3, 1, 7, 5	1, 3.5, 3, 6	1, 3.2, 6	
block	1, 2, 3, 4, 5, 6, 7, 8	1, 2, 2, 3, 3, 3, 4, 4	1, 2, 2, 2, 2, 2, 3, 3	

10.1.2 高效的掰平算法

上面的实现方式是正确的，但在面试中只能得到一半的分数。它有什么问题呢？当然是时间复杂度太大啦！不难看出，每次迭代的时间复杂度均为 $O(N)$，而迭代次数的上限也是 $O(N)$，所以总复杂度为 $O(N^2)$。下面这个例子可以达到复杂度的上限：输入序列 $y = \{10000, 1, 2, 3, 4, 5\}$，权重 $w = \{10000, 1, 1, 1, 1, 1\}$。这个例子的精髓在于，序列有且仅有前两个元素组成下降段，并且因为第一个元素 10000 的权重很大，把前两个元素取加权平均合并后，序列第一段的值依然很大。这个巨大的值会在每次迭代中都吃且仅吃掉其后面的第一个元素，导致迭代次数达到 N。

事实上，“反复合并下降段”这个过程，完全可以用 $O(N)$ 的时间复杂度来实现。具体地，从左到右依次扫描序列的每一个元素，并用一个栈来维护已经扫描的部分“掰平”后的水平段落。当扫描到新元素的时候，先把它作为一个单独的段落压入栈顶，然后反复查看栈顶的两个段落，如果它们违反了单调性，就对它们进行加权平均合并。这种的实现代码如下：

```
yhat = y; N = length(y);                     % 用输入序列初始化输出序列
bstart = zeros(1,N); bend = zeros(1,N); % 栈：bstart(i), bend(i) 记录第 i 段的
                                             % 起止位置
                                             % 此外 yhat 和 w 也兼用作栈,
                                             % yhat(i) 与 w(i) 表示第 i 段的值和总权重
b = 0;                                       % 栈顶指针

for i = 1:N                                  % 依次扫描每个元素
    % 新元素作为单独的段落入栈
    b = b + 1;
    yhat(b) = yhat(i); w(b) = w(i);
```

```
    bstart(b) = i; bend(b) = i;
    while b > 1 && yhat(b) < yhat(b-1)  % 栈顶两个段落违反单调性
        % 栈顶两个段落取加权平均合并
        yhat(b-1) = (yhat(b-1) * w(b-1) + yhat(b) * w(b)) / (w(b-1) + w(b));
        w(b-1) = w(b-1) + w(b);
        bend(b-1) = bend(b);
        b = b - 1;
    end
end

block = zeros(1,N);
for i = 1:b
    block(bstart(i) : bend(i)) = i;  % 由栈中信息反推输出序列的每个元素位于第几段
end
yhat = yhat(block);                            % 构建输出序列
```

这段代码的主体循环没有用到 Matlab 的黑科技，比较好懂，所以样例数据的执行过程我就不写了。

这种实现的时间复杂度为 $O(N)$。虽然有时一个元素入栈会引发连锁式的段落合并，但从算法的整个执行过程考虑，一共会有 N 个元素入栈，最多有 $N-1$ 次段落合并，所以时间复杂度为 $O(N)$。

现在反过来想想，Matlab 自带的实现慢在哪儿了呢？仍然考虑极端输入 $y=\{10000,1,2,3,4,5\}$，$w=\{10000,1,1,1,1,1\}$。在迭代过程中，序列的尾部始终是单调递增的，但 Matlab 的实现在每次迭代中都徒劳无功地在尾部检查是否有下降段，这就是它慢的原因。

10.2　“掰平”算法的应用：multi-dimensional scaling

在 10.1 节中，我们成功地把“掰平”算法的时间复杂度从 $O(N^2)$ 降到了 $O(N)$，其中 N 为序列长度。把不单调的序列“掰平”这件事儿，在数学上有个学名，叫作**保序回归变换**（isotonic regression）。它有什么用呢？

Matlab 中用来求解最优保序回归变换的函数叫`lsqisotonic`，其中`lsq`是 least squares（最小二乘）的意思，指的是误差函数的形式；`isotonic`就是“保序”。这个函数并不能被直接调用，因为它是统计工具包中的一个私有函数，专供`mdscale`函数使用。而`mdscale`函数做的事情叫作 multi-dimensional scaling，这就是上面小算法题的大应用啦！保序回归变换与 multi-dimensional scaling 的关系有点儿长，且听我娓娓道来。

multi-dimensional scaling 是一种**数据可视化**的方法。这个名字不太容易翻译成中文，主要是因为 scaling 这个词的用法比较奇怪。维基百科给出的中文翻译是“多维标度”，其实挺不知所云的，甚至都不能体现出这是一个动名词。而日文翻译是“多次元尺度構成法”，我觉得可以把二者融合一下，译作“多维尺度构成法”。在下文中，我就把这种方法简称为 MDS 了。

MDS 并不是目前最流行的数据可视化方法，最流行的应该是机器学习先驱人物 Hinton 开创的 t-SNE[7]。我曾经用 MDS 和 t-SNE 两种方法对我 2012 年“人人网”上的好友关系进行了可视化，效果见图 10.2。

MDS 的输入，是 n 个对象两两之间的**差异度**（dissimilarities），共 $n(n-1)/2$ 个数值。如果已知的是相似度（similarities），则可以用一个单调递减的函数将其转换成差异度。记第 i 个和第 j 个对象之间的差异度为 δ_{ij}，MDS 要做的事情是在一个给定维数（通常为二维或三维）的空间中找一组点 $X = \{X_1, \cdots, X_n\}$ 来代表这些对象，

使得第 i 个和第 j 个点之间的距离 $d_{ij}(X) = ||X_i - X_j||$ 尽可能接近给定的差异度 δ_{ij}。具体来说，是要最小化如下的目标函数，这个目标函数称为**压力**（stress）：

$$\sigma(X) = \sum_{i<j} w_{ij}(d_{ij}(X) - \delta_{ij})^2 \tag{10.1}$$

其中 w_{ij} 是点对 (i,j) 的权重。一般来说，所有权重都取 1；如果输入数据不全，某一组差异度 δ_{ij} 没有测量到，那么可以通过设置 $w_{ij} = 0$ 来把这个点对排除掉。当然，如果认为某些点对的差异度比另一些点对更重要，也可以给这些点对赋予不同的权重。

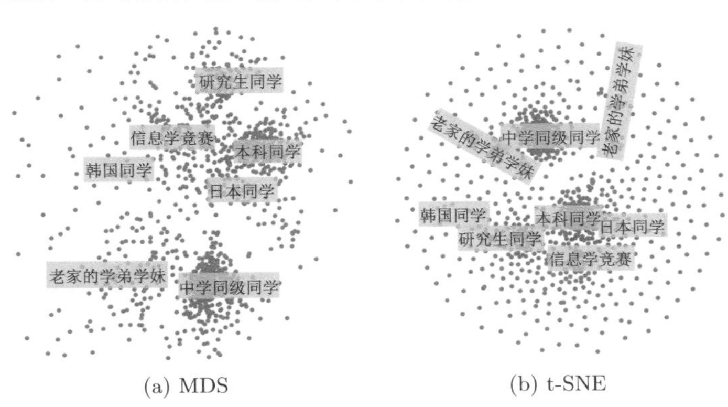

(a) MDS (b) t-SNE

图 10.2 用 MDS 和 t-SNE 可视化我的“人人网”好友关系

求使得压力最小化的点集 X 的方法有很多。比如梯度下降法，Matlab 中`mdscale`函数使用的是一种共轭梯度法。除此之外，*Modern Multidimensional Scaling* 一书[8] 的第 8 章还介绍了一种称为 SMACOF①的迭代算法，它与机器学习中常见的 EM 算法②有相似之处，二者都是 MM 算法③的特例。不过求点集 X 的算法不是本章讨

① SMACOF 的全称为 Scaling by MAjorizing a COmplicated Function。

② EM 的全称为 Expectation-Maximization。

③ MM 的全称为 Majorize-Minimization 或 Minorize-Maximization。

论的重点，所以我就不继续展开了。

在统计学中，根据数据能够进行哪些比较，把数据分成了四种类型。

1. 定类（nominal scale）：只能分类，不能比较大小，比如性别、颜色等。
2. 定序（ordinal scale）：数据本身可以比较大小，数据之间的差不能比较大小，比如考试的排名（第 1 名与第 2 名的差距，不一定比第 100 名与第 110 名的差距小）。
3. 定距（interval scale）：数据本身可以比较大小，数据之间的差也可以比较大小，但数据之比无意义，比如摄氏温度（10 度与 100 度的差距大于 10 度与 0 度的差距，但不能说 100 度比 10 度热 9 倍）。
4. 定比（ratio scale）：数据本身可以比较大小，数据之间的差也可以比较大小，数据之比也有意义，比如开氏温度。

在上面的讨论中，我们默认 MDS 中的“差异度”是定比数据。实际上，“差异度”有可能只是定序的，即差异度的数值并无意义，它们之间的大小关系才有意义。这种情形的 MDS，称为 non-metric MDS。而上文中的压力函数依赖于差异度的具体数值，所以在 non-metric MDS 中再使用这种压力函数，就显得不合理了。于是有了下面这种新的压力函数：

$$\sigma(X,\hat{d}) = \sum_{i<j} w_{ij}(d_{ij}(X) - \hat{d}_{ij})^2 \tag{10.2}$$

其中 $\hat{d}_{ij}$ 是差异度经过 $\hat{d}_{ij} = f(\delta_{ij})$ 变换的结果。变换 f 仅需要满足单调性，它的作用是说明差异度的数值并不重要，重要的只有大小关

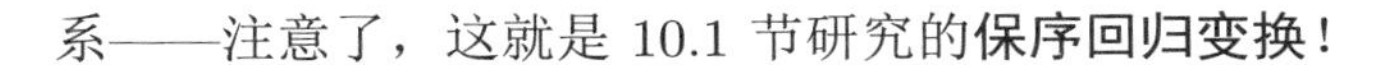

系——注意了，这就是 10.1 节研究的**保序回归变换**！

要最小化这种新的压力函数，一方面需要求出一组点的坐标 X，另一方面还要求出一个变换 f，形成一个“鸡生蛋，蛋生鸡”的问题。这种问题一般也是通过迭代算法来解决的，即不停重复下面的步骤。

1. 固定 $\hat{d}_{ij}$，求使得压力最小化的 X。事实上这一步并不需要使得压力“最小化”，只要能让它减小就行了。这一步可以使用梯度下降法、共轭梯度法、SMACOF 等任意一种方法，且只需迭代一次。
2. 固定 X，求使得压力最小化的保序回归变换 f。这一步同样只要让压力减小就行了，不过让压力最小化也不困难，因为我们在第一节已经解决了这个问题啦！

也许你还没有看出 10.1 节里做的算法题是怎么在 MDS 里面用来最小化压力函数的。我们对所有的差异度 δ_{ij} 从小到大排序，得到 $x_1, \cdots, x_N$，其中 $N = n(n-1)/2$，是点对的数目。把与 $x_k = \delta_{ij}$ 对应的那个点对在空间中的距离 $d_{ij}(X)$ 记作 y_k，其权重记作 w_k。现在我们要做的，就是求一组变换后的差异度 $f(x_1), \cdots, f(x_N)$，把它们记作 $\hat{y}_1, \cdots, \hat{y}_N$。它们要满足跟 $x_1, \cdots, x_N$ 一样的大小关系，即满足单调性：$\hat{y}_1 \leqslant \hat{y}_2 \leqslant \cdots \leqslant \hat{y}_N$。经过了这些变量替换，压力函数就变成了 $\sigma = \sum_{k=1}^{N} w_k(y_k - \hat{y}_k)^2$——看，这不就是算法题中的误差函数嘛！

我用来实现图 10.2 的好友数据，总共来自 1000 多人。在运行 Matlab 自带的`mdscale`函数时，遇到了“卡死”的现象——程序迟迟运行不出结果。现在就可以知道原因了：Matlab 求解最优保序回归变换的时间复杂度是 $O(N^2)$，注意这里面的 N 是点对的数目，它

与好友人数 n 的关系是 $N = n(n-1)/2$。也就是说，Matlab 自带的`lsqisotonic`函数的时间复杂度，达到了吓人的 $O(n^4)$！面对上千人的大数据，难怪会卡死了。

10.3 附记

我实现的`lsqisotonic`函数，可以从 Mathworks File Exchange 上下载。这个函数位于 Matlab 安装目录下的`toolbox\stats\stats\private`子目录，可以用我的版本替代原有版本。

对 MDS 感兴趣的读者，推荐阅读 *Modern Multidimensional Scaling* 一书[8]。其中第 8 章、第 9 章介绍的就是本章讨论的 non-metric MDS；第 12 章介绍了 metric MDS 的另一种情形 classical MDS，它最小化的目标函数并不是 stress，而是另一种称为 strain 的目标函数，其优点是求解过程不是迭代的，而是可以一步到位。Classical MDS 在 Matlab 中由`cmdscale`函数实现。

CHAPTER 11 第十一章 二叉树怎样序列化才能重建？

序列化（serialization）指的是把复杂的数据结构转化为线性结构，以便存储。而序列化得到的线性结构必须能重建出原有的数据结构，才是有意义的。

对于二叉树，常用的序列化方法是对树进行某种遍历（如先序、中序、后序、层序），把一种或两种遍历结果作为序列化结果。但并不是随便选一种或两种遍历结果，都能把二叉树重建出来。本章将给出二叉树在序列化后能够重建的一个充分条件，并且在实际应用中，这个条件也可以认为是必要的。

11.1 几种常见的序列化方法

11.1.1 仅使用一种遍历的序列化方法

这是最常见的序列化方法。可以采用的遍历顺序包括先序、后序、层序。在遍历时，要把空指针也包含在遍历的结果中。例如，对图 11.1中的二叉树，进行先序、后序、层序遍历的结果分别为`12##3#4##`、`##2###431`、`123###4##`（`#`表示空指针）。

根据这几种遍历的结果重建二叉树的过程是显然的，程序从略。其时间复杂度为 $O(n)$，n 为树中的节点数。

而仅根据（带空指针的）中序遍历结果，是不能重建二叉树的。比如，图 11.1中二叉树的中序遍历为#2#1#3#4#。事实上可以证明，任何一棵二叉树的中序遍历结果，都会是空指针与树中节点交替出现的形式，所以空指针没有提供任何额外的信息。

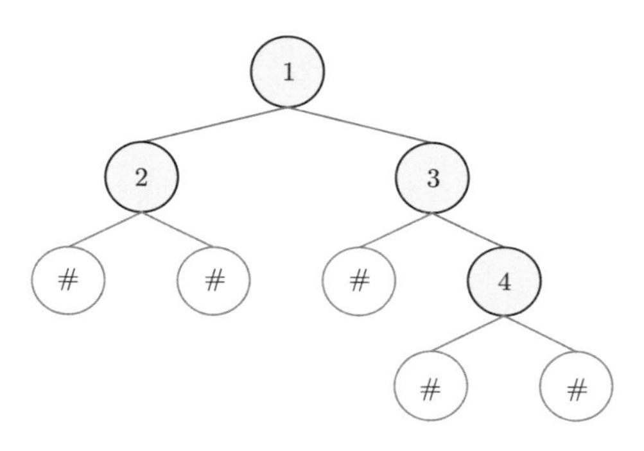

图 11.1　一棵二叉树，# 表示空指针

11.1.2　使用两种遍历的序列化方法

这是学习二叉树时的常见思考题：如何根据两种遍历结果（不含空指针）重建二叉树。并不是任意两种遍历结果都能重建二叉树，我们先考虑一种可行的情况：已知先序和中序遍历结果。

以图 11.2中的二叉树为例，它的先序遍历结果为 124536，中序遍历结果为 425136。先序遍历的第一个元素 1 一定是根，以这个元

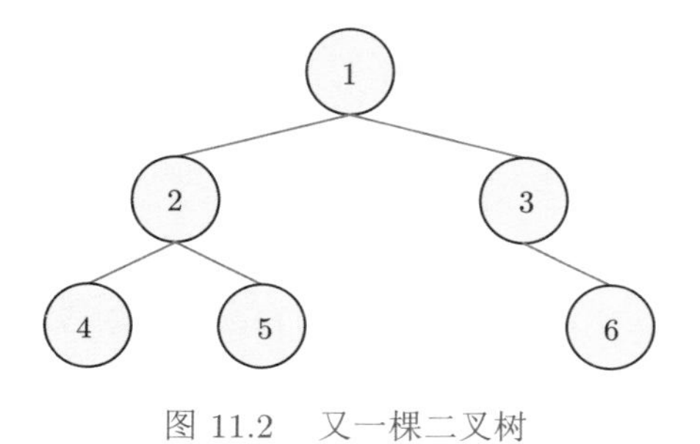

图 11.2　又一棵二叉树

素为分界点把中序遍历结果分成两半，可以得到 425 和 36，这就是左子树和右子树各自的中序遍历结果。在先序遍历结果中分别取同样长度的两个子序列，得到 245 和 36，就是两个子树的先序遍历结果了。重复这个过程，可以递归地重建出整棵二叉树。

用 Python 实现上述重建过程的代码如下（Node类的定义从略）：

```
def reconstruct(preorder, inorder):
    if len(preorder) == 0: return None  # 递归终止条件
    root = Node(preorder[0])            # 以先序遍历的第一个元素为根
    p = inorder.index(preorder[0])      # 在中序遍历中找到根的位置
    root.left = reconstruct(preorder[1:p+1], inorder[:p])
                                        # 截取左子树的先序和中序遍历，重建左子树
    root.right = reconstruct(preorder[p+1:], inorder[p+1:])
                                        # 截取右子树的先序和中序遍历，重建右子树
    return root                         # 返回重建结果
```

我们注意到，程序正常运行的一个条件是**树中没有重复的元素**。否则，在中序遍历中就不一定能确定根的位置了。

另外，上面这个程序使用了index函数，它的时间复杂度不是 $O(1)$。在某些编程语言中，截取一个序列的子序列需要把子序列复制一份，这个操作的时间复杂度也不是 $O(1)$。这些因素导致整个程序的时间复杂度高于 $O(n)$，在最坏情况下可以达到 $O(n^2)$。一个解决办法是把两个已知序列包装成输入流（如 Python 中的collections.deque），在创建根节点时，暂时先不去找它在中序遍历流中的位置，而是递归下去，直到在中序遍历流中遇到根节点时再返回来。Python 代码如下：

```
from collections import deque


def reconstruct(preorder, inorder, stop):
```

```
    if inorder[0] == stop: return None  # 递归终止条件
    root = Node(preorder.popleft())     # 创建根节点，并消耗掉先序遍历流中的根
    root.left = reconstruct(preorder, inorder, root.value)
                                        # 重建左子树，直到在中序遍历流中遇到当前层的根
    inorder.popleft()                   # 消耗掉中序遍历流中的根
    root.right = reconstruct(preorder, inorder, stop)
                                        # 重建右子树，直到在中序遍历流中遇到上层的根
    return root                         # 返回重建结果

# 把先序和中序遍历结果都包装成输入流，并在最后加入一个 None 作为终止条件
tree = reconstruct(deque(preorder + [None]), deque(inorder + [None]), None)
```

其中stop参数表示在中序遍历中遇到什么元素就该返回了。

这段程序理解起来稍微困难一些，不过它更能揭示“先序 + 中序”与“先序 + 空指针”两种序列化方式的相似之处。在这段程序中，中序遍历的作用是作为递归终止条件，即告诉程序哪些地方应当是空指针。也就是说，中序遍历与空指针提供的信息是相同的，只不过更间接一些。

现在来看使用其他两种遍历的序列化方法。“后序 + 中序”的情况跟“先序 + 中序”的情况是十分类似的，对上面两段程序稍加修改，即可用于“后序 + 中序”的重建（具体要修改哪里留作练习）。但已知先序和后序遍历结果时，是不能重建二叉树的，例如图 11.3中，两棵树的先序遍历结果都是 12，后序遍历结果都是 21。

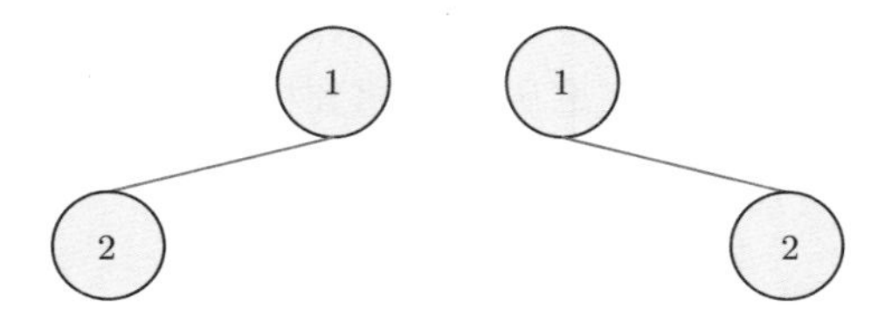

图 11.3　仅凭先序和后序遍历，不能区分这两棵树

同时也可以发现，图 11.3中两棵树的层序遍历结果也都是 12。因此，依靠“层序 + 先序”或“层序 + 后序”，都不能重建二叉树。而依靠“层序 + 中序”是可以重建的，具体方法将在 11.1.3 节最后说明。

11.1.3　二叉搜索树（BST）的序列化方法

二叉搜索树（BST, binary search tree）是这样一种二叉树：对任一节点，它的左子树中所有节点都小于（或等于）自己，而右子树中所有节点都大于（或等于）自己。BST 的定义不统一，有些定义不允许树中有重复元素，有些定义允许各个节点的单侧子树中有等于自己的元素，有些定义允许两侧都有等于自己的元素。本章采用最宽松的定义，但本小节仅讨论没有重复元素的情况，至于对这个条件的放宽，留到 11.3 节中讨论。

如果已知一棵树是 BST，那么只需要知道先序、后序、层序遍历结果中的一者（不需要包含空指针），就足以重建了。这是因为，对这些遍历结果排个序，就是中序遍历结果，从而化归成了 11.1.2 节的情况。这说明，BST 的顺序与中序遍历提供的是同样的信息。当然，排序的时间复杂度是 $O(n\log n)$，高于重建的复杂度 $O(n)$。能不能绕过排序呢？也是可以的，只要我们能在重建过程中，根据“树是 BST”这个条件得知哪些地方是空指针就行。

例如，在已知先序遍历结果时，可以用如下方法重建 BST：

```
from collections import deque
inf = float('inf')


def reconstruct(preorder, stop):
    if preorder[0] >= stop: return None  # 递归终止条件
```

```
    root = Node(preorder.popleft())      # 创建根节点，并消耗掉先序遍历流中的根
    root.left = reconstruct(preorder, root.value)
                          # 重建左子树，直到先序遍历流中出现大于当前层根节点的值
    root.right = reconstruct(preorder, stop)
                          # 重建右子树，直到先序遍历流中出现大于上层根节点的值
    return root           # 返回重建结果

# 把先序和中序遍历结果都包装成输入流，并在最后加入一个 inf 作为终止条件
tree = reconstruct(deque(preorder + [inf]), inf)
```

其中inf代表一个比所有元素都大的值。在 11.1.2 节里，我们用"中序遍历的开头就是上面某层的根节点（stop）"作为空指针的判断条件。现在没有中序遍历了，我们改用"先序遍历的下一个节点大于等于stop"作为空指针的判断条件。

已知后序遍历结果时的重建方法与已知先序遍历结果时类似,故略。

在已知层序遍历结果时，BST 的重建方法如下。在重建过程中，对于每个节点，记录下以它为根的子树中的元素的取值范围（用开区间表示）。结合节点本身的值，就可以知道它的两个子节点的取值范围。如果先序遍历中的下一个元素正好落在这些范围之内，那么这些子节点就存在，否则这些子节点为空。

```
from collections import deque
inf = float('inf')


def reconstruct(level_order):
    level_order = deque(level_order)        # 把层序遍历包装成输入流
    root = Node(level_order.popleft())      # 创建根节点
    queue = deque([(root, -inf, inf)])      # 重建过程中使用的队列
        # 其中的元素为三元组，第一个元素为节点，后两个元素表示子树中元素的取值范围
    while len(level_order) > 0:             # 层序遍历结果还没读完
        node, min, max = queue.popleft()    # 取出队首节点及相应的取值范围
```

```
        # 若层序遍历的下一元素落在左子树的取值范围内，则创建左子树
        if min < level_order[0].value < node.value:
            node.left = Node(level_order.popleft())
            queue.append((node.left, min, node.value))
        if len(level_order) == 0: break    # 层序遍历结果可能在此读完了，结束
        # 若层序遍历的下一元素落在右子树的取值范围内，则创建右子树
        if node.value < level_order[0].value < max:
            node.right = Node(level_order.popleft())
            queue.append((node.right, node.value, max))
    return root                             # 返回重建结果
```

下面解答 11.1.2 节的遗留问题：对于一棵普通二叉树（非 BST），在已知层序和中序遍历结果时，如何重建。事实上，中序遍历可以认为是指定了树中元素的顺序关系，于是遗留问题便化归为刚刚解决的“已知层序遍历结果重建 BST”问题。在实现上，可以用一个哈希表将树中的元素映射为它们在中序遍历中的次序，然后就可以套用上一段程序解决了。

11.2　二叉树序列化能够重建的充分条件

上文讨论的所有情况，可以总结成如下的“定理”。

一棵二叉树能够被重建，需要满足下面三个条件之一：

a1. 已知先序遍历结果；

a2. 已知后序遍历结果；

a3. 已知层序遍历结果；

以及下面三个条件之一：

b1. 前面已知的那种遍历结果包含空指针；

b2. 已知中序遍历结果，且树中不含重复元素；

b3. 树是 BST，且不含重复元素。

这是本章的主要结论。它反映出，中序遍历提供的信息与空指针和 BST 相同，与先序、后序、层序遍历提供的信息互补。同时，上述充分条件也几乎是必要的，因为仅满足 a 组的两个条件，或者仅满足 b 组的两个条件，都无法重建二叉树。

11.3 “不含重复元素”的必要性探讨

11.2 节给出的条件是充分条件，导致它不是必要条件的原因在于 b2、b3 两个条件中的“不含重复元素”。本节我们就来探讨一下这两个条件可以放宽到什么程度，还能保证重建出的树是唯一的。

先看 b3，即 BST 的情况。**对于 BST，可以把“不含重复元素”，放宽到“允许一侧子树中有与根相等的元素”**。无论是根据先序还是层序遍历结果重建 BST，关键步骤都是确定遍历结果中的下一个元素应该长在树的什么位置，而这是根据每个可能长出节点的位置（图 11.4中灰色的椭圆）允许的取值范围确定的。在不允许有重复元素的情况下，各个“生长点”的取值范围都是开区间；在允许一侧子树中有与根相等的元素的情况下，各个“生长点”的取值范围是半开半闭区间——在这两种情况下，各区间都没有重叠，所以都可以唯一确定下一个元素应该长在哪里。但如果放宽到“两侧子树都允许有与根相等的元素”，区间就变成了闭区间，端点出现重叠，就不能保证重建出的树唯一了。例如，如果先序或层序遍历的结果是 533，则不能确定第 2 个 3 应该是第 1 个 3 的左孩子还是右孩子。

不过，即使在两侧子树都允许有与根相等的元素的情况下，重建出的树也有可能是唯一的。比如，如果先序遍历结果是 2132，那么第 2 个 2 只能作为 3 的左孩子，而不能作为 1 的右孩子（图 11.5左）。再如，如果层序遍历结果是 232，那么第 2 个 2 只能作为 3 的左孩子，而不能作为第 1 个 2 的左孩子（图 11.5右）。这是因为，按照先序或层序的限制，在安放第 2 个 2 时，有些"生长点"已经不可用了，但这种情况只能在算法执行过程中发现，无法事先判断，也就是说，**很难给出在"两侧子树都允许有与根相等的元素"的前提下树能够唯一重建的充要条件。**

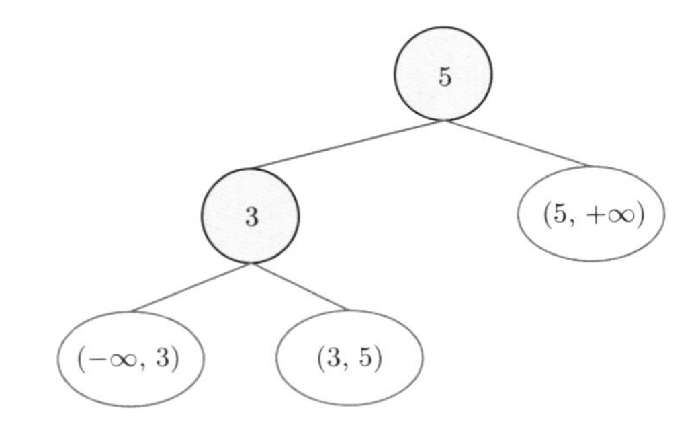

图 11.4 灰色椭圆为 BST 重建过程中的"生长点"

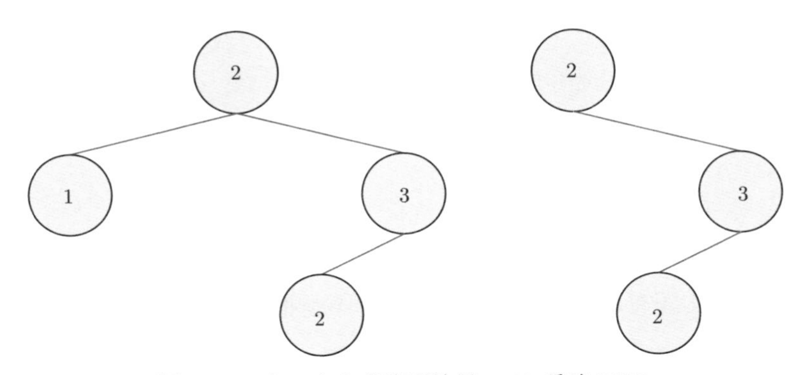

图 11.5 左：由先序遍历结果 2132 重建 BST；
右：由层序遍历结果 232 重建 BST

再看 b2，即已知中序遍历结果的情况。我们发现，即使允许有重复元素，也无法在事先判断树是否唯一。例如，当先序遍历结果为 1213，中序遍历结果为 1231 时，重建出的树有两种可能：若认为中序遍历结果中的第 1 个 1 为根，则它有一棵右子树，其先序遍历结果为 213，中序遍历结果为 231（图 11.6中）；若认为中序遍历结果中的第 2 个 1 为根，则它有一棵左子树，其先序遍历结果为 213，中序遍历结果为 123（图 11.6左）。但在先序遍历结果仍为 1213，中序遍历结果被改为 1321 时，重建出的树就是唯一的了（图 11.6右）：此时只能认为中序遍历结果中的第 2 个 1 为根。否则，我们将需要重建一棵先序遍历结果为 213、中序遍历结果为 321 的子树，而这样的树是不存在的。

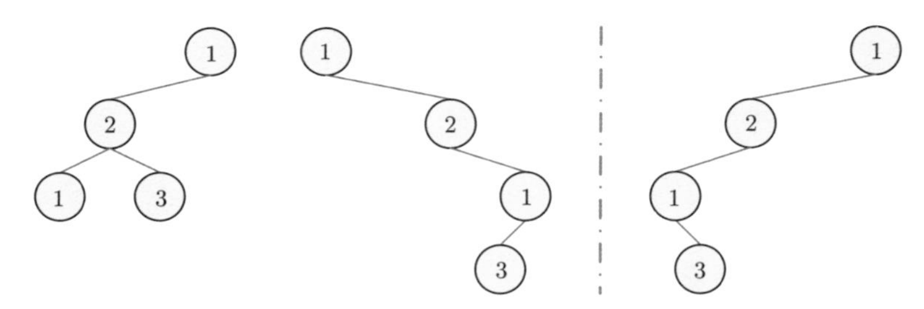

图 11.6　左、中：由先序遍历结果 1213、中序遍历结果 1231 能重建出两棵二叉树；右：由先序遍历结果 1213、中序遍历结果 1321 只能重建出一棵二叉树

“先序遍历结果为 213、中序遍历结果为 321 的树不存在”——这个事实其实颇有深意。它告诉我们，并不是把先序遍历结果随便排列一下作为中序遍历结果，都存在对应的树。事实上，3 个元素的全排列有 $3! = 6$ 种，而 3 个节点组成的二叉树只有 $\text{Catalan}(3) = 5$ 种，差的一种恰好就是刚刚举的例子。

如果已知的是层序和中序遍历结果，同样无法事先判断树是否唯一。例如，固定中序遍历结果为 121，若层序遍历结果也是 121，则树有图 11.7左、中两种可能；但若层序遍历结果是 211，则树就只有图 11.7右一种可能了。于是，与 BST 的情况类似，**若在已知中序遍历结果的情况下允许树中有重复元素，则很难给出树能够唯一的充要条件。**

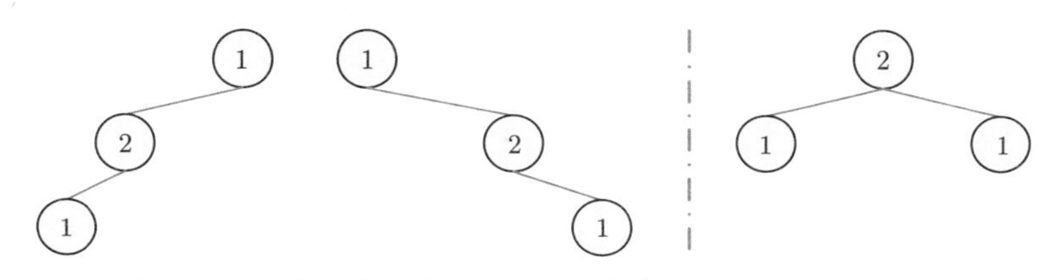

图 11.7　左、中：由中序遍历结果 121、层序遍历结果 121 能重建出两棵二叉树；右：由中序遍历结果 121、层序遍历结果 211 只能重建出一棵二叉树

作为总结，11.2 节给出的充分条件中，b2、b3 两条中的“不含重复元素”，基本可以认为是必要的。除了对于 BST 可以放宽为“允许一侧子树有与根相等的元素”以外，其他情形很难放宽。

参考文献

[1] GONZALEZ A. Measurement of areas on a sphere using Fibonacci and latitude-longitude lattices [J]. Mathematical Geosciences, 2010, 42(1): 49.

[2] MANSUY R, SVERDLOVE R. The origins of the word "martingale" [J]. Electronic Journal for History of Probability and Statistics, 2009, 5(1): 1–10.

[3] BLACKWELL D, FREEDMAN D. A remark on the coin tossing game [J]. The Annals of Mathematical Statistics, 1964, 35(3): 1345–1347.

[4] SHEPP L A. A first passage problem for the Wiener process [J]. The Annals of Mathematical Statistics, 1967, 38(6): 1912–1914.

[5] BRAY A J, SMITH R. The survival probability of a diffusing particle constrained by two moving, absorbing boundaries [J]. Journal of Physics A: Mathematical and Theoretical, 2007, 40(10): F235.

[6] KRAPIVSKY P L, REDNER S. Life and death in an expanding cage and at the edge of a receding cliff [J]. American Journal of Physics, 1996, 64(5): 546–551.

[7] VAN DER MAATEN L, HINTON G. Visualizing data using t-SNE [J]. Journal of Machine Learning Research, 2008, 9(Nov): 2579–2605.

[8] BORG I, GROENEN P J F. Modern Multidimensional Scaling: Theory and Applications [M]. New York: Springer Science & Business Media, 2005.

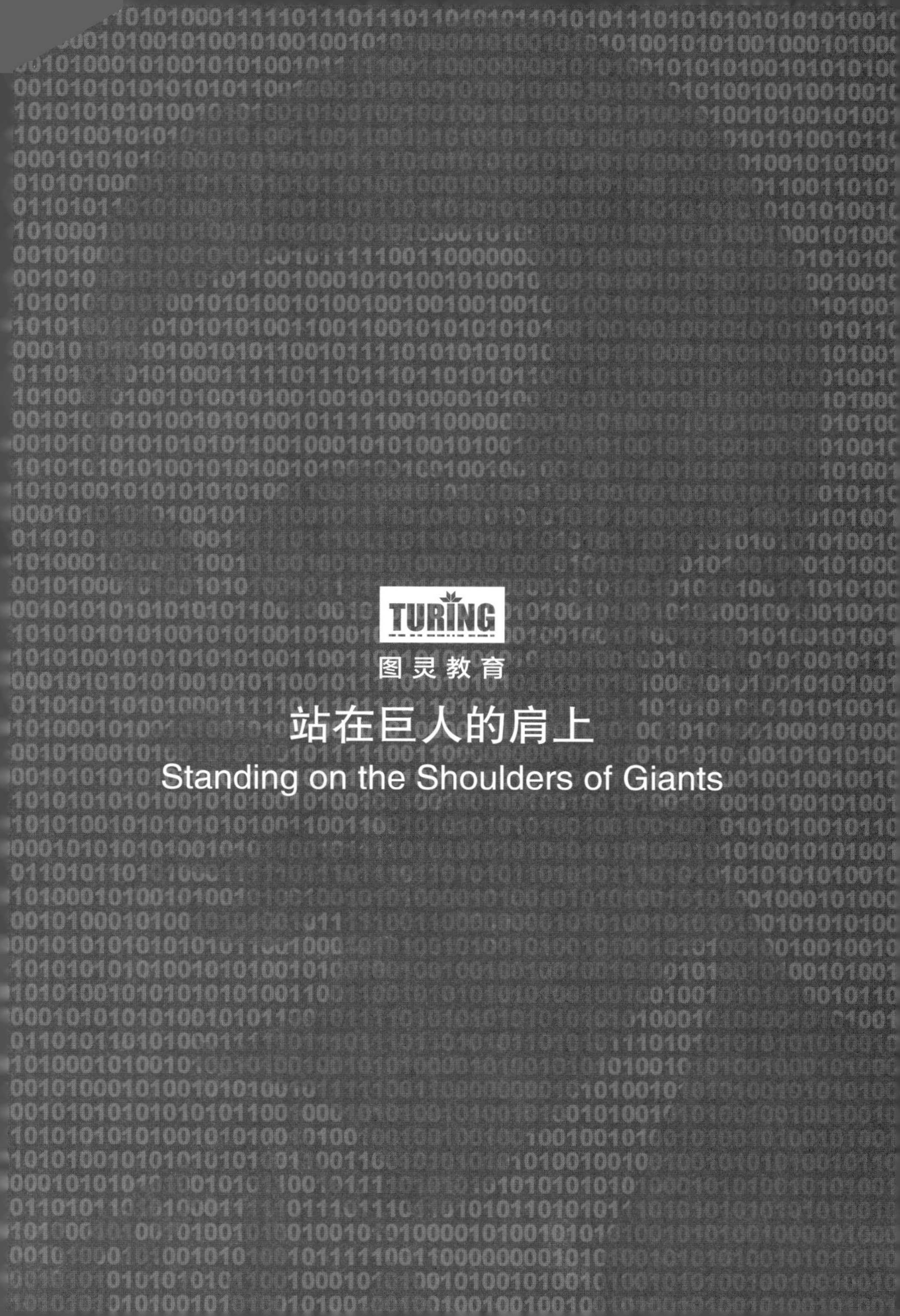
TURING
图灵教育
站在巨人的肩上
Standing on the Shoulders of Giants

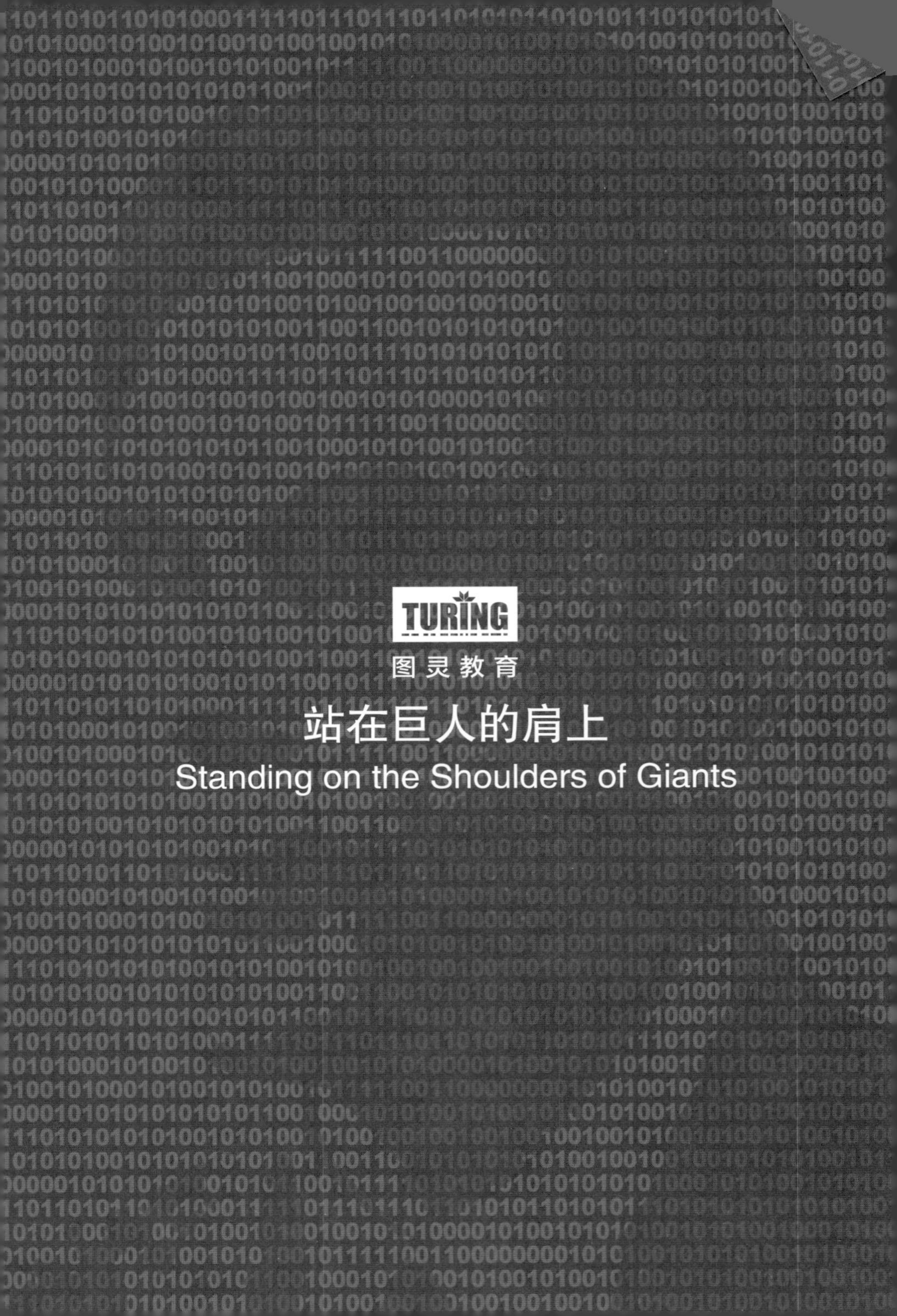
TURING
图灵教育
站在巨人的肩上
Standing on the Shoulders of Giants